逻辑与智慧人生系列主编　黄华新

智慧之门

儿童逻辑思维教育导论

徐慈华　　陈宗明　编著

中国出版集团　东方出版中心

图书在版编目（CIP）数据

智慧之门：儿童逻辑思维教育导论 / 徐慈华，陈宗明著. 一上海：东方出版中心，2023.3
ISBN 978 - 7 - 5473 - 2139 - 3

Ⅰ.①智… Ⅱ.①徐… ②陈… Ⅲ.①儿童—思维方法—能力培养—研究 Ⅳ.①B804

中国国家版本馆 CIP 数据核字（2023）第 014895 号

智慧之门——儿童逻辑思维教育导论

编　　著　徐慈华　陈宗明
策划编辑　潘灵剑
责任编辑　李梦溪
封面设计　钟　颖

出版发行　东方出版中心有限公司
地　　址　上海市仙霞路 345 号
邮政编码　200336
电　　话　021 - 62417400
印 刷 者　山东韵杰文化科技有限公司

开　　本　890mm×1240mm　1/32
印　　张　12.75
字　　数　242 千字
版　　次　2023 年 5 月第 1 版
印　　次　2023 年 5 月第 1 次印刷
定　　价　68.00 元

卷 首 辞

作为教师,我们教儿童。

既然我们教儿童,

那我们就要了解

儿童怎样思维,

儿童怎样学习……

也许,我们只是自以为了解了他们。

美国儿童教育家　埃德·拉宾诺威克兹

（Ed Labinowicz）

目　录

中编　具体推演：初小阶段

前言——写给儿童的家长和老师们

一

这本书是写给你们——儿童的家长和老师们的。这本书从婴儿降生说起，婴幼儿自然不会读书，即使孩子上了学，认识一些字，也未必能读懂这本书，因此，训练儿童逻辑教育的任务就只能由你们承担。为了帮助你们更好地完成教学任务，笔者写了这本书以助家长和老师们一臂之力。

二

"儿童逻辑思维教育？哎呀，什么是逻辑？我自己还不懂呢！"你们中或许有人这样说。这，没关系，我们稍微多说几句，问题就大体可以解决了。

"逻辑"一词的含义非常宽泛，你们也常常把"逻辑"挂在嘴边。比如说，"我们要研究儿童思维教育的内在逻辑"，这里的"逻辑"相当于"规律"；"说话写文章要有逻辑"，这里的"逻辑"相当于"严谨、有条理"；"理性思维离不开逻辑的运用"，这里的"逻辑"相当于"逻辑学"或"逻辑知识"。逻辑有狭义和广义之分。狭义的定义认为逻辑是研究有效推理的理论。广义的定义认为逻辑是关于思维的形式结构、规律和方法的科学①。

我们先来看一下什么是"思维的形式结构"。比如"如果天下雨,那么地就会湿。天下雨了,所以地湿""如果物体摩擦,就会产生热量。物体发生了摩擦,所以物体就会产生热量"。这些推理过程,内容完全不同,但形式都是"如果 p 那么 q;p,所以 q"。作为一门学科,逻辑研究这样的形式结构。

不过,逻辑的应用是离不开推理内容的。比如在日常推理中,"天下雨,所以地会湿。天下雨,所以地湿"就是关于自然现象的推理,如果推理形式正确[比如,如果 p(天下雨)那么 q(地会湿);p,所以 q],而且情况属实,那它就是一个正确的推理。如果情况属实,而你却错用了推理形式,比如用了"如果 p 那么 q;q,所以 p",那么你的推理就是错误的。人们的日常推理属于逻辑应用或者应用逻辑,它有别于逻辑的原理,所以会跟推理内容紧密结合在一起。

逻辑不难学,因为常用的推理形式并不很多,教孩子,你读这本教材就差不多够用了。

三

逻辑学是古希腊亚里士多德(公元前 384 年—公元前 322 年)创

---

① 黄华新、徐慈华、张则幸:《逻辑学导论》,杭州:浙江大学出版社,2021 年,第 2 页。

立的。几年前,一位作者曾经同朋友说起想写一本儿童逻辑思维的书,这位朋友建议删去"逻辑"二字,因为只说"儿童思维训练"会拥有更多的读者。不过我们恰恰认为需要强调"逻辑",因为在中国的今天,普及逻辑教育是一件非常重要的事情,而从孩子抓起更是重中之重。

我们正在经历科技革命所带来的百年未有之大变局。未来最大的不变就是变!大变局之下,学习能力将变得异常重要。因为在快速变化的环境下,我们的学习能力决定了我们的适应能力。如果我们一直生活在沙漠里,环境不变化的话,我们是否需要学习?也许不需要。因为我原有的知识可以应付生活中的各种问题。同样,如果一直生活在热带雨林,也是如此。但快速变化的环境是一种什么样的情况?早上是沙漠,中午是热带雨林,晚上就是海洋。快速变化的环境意味着知识的半衰期变得越来越短。毫不夸张地说,今天有用的知识,明天可能就没用了。

有些人会这样想,这两年变化很快,也许以后就好了。这是一种错误的判断。社会的变化速度会越来越快。因为我们已经进入知识社会。农业社会和工业社会的物质流动往往会受到时空的限制。比如:农作物的生长有其自身的规律,春天播种,秋天收割,需要四季轮回;工业流水线虽然可以 24 小时不间断作业,但物质性的生产仍然需要较长的周期。而在知识社会中,劳动的主要对象受时空的限制就非常小,如软件、游戏、视频等,随时可以全球发布。另外,我们的消费也变得越来越符号化,追求不断变化的新体验。这样一种新的社会形态就决定了我们的社会运行不会慢慢来,只会越来越快。

正因如此,以色列历史学家尤瓦尔·赫拉利不无感慨地说:"我们无法预知 2030 年或 2040 年的就业形势,因此现在也不知道该如何教育下一代。等到孩子们长到 40 岁,他们在学校学习到的一切知识可能都已经过时。传统上,人生主要分为两大时期:学习期,再加上之后的工作期。但这种传统模式很快就会彻底过时,要想不被淘汰,只有一条路:不断学习,不断打造全新的自己。"①这意味着孩子们要成为真正的终身学习者。

好的学习应该拥有高思维含量。学习科学领域一本非常重要的书,叫《剑桥学习科学手册》。该书属于剑桥手册系列丛书,开篇就讲要从传统的学习方式向有深度的学习方式转变。与传统的浅层学习不同,有深度的学习强调学习者在新旧知识、概念和经验间建立联系;要求学习者将他们的知识整合到相关的概念体系中;要在学习中不断寻找模式和基本原理;要学会评价新的想法,并且能将这些想法与结论联系起来;要了解知识生产型对话过程,并能批判性地对论证进行逻辑分析;要对自己理解及学习的过程进行反思②。如果仔细分析每一条深度学习的要求,你会发现它们都与逻辑思维能力密切相关。这就是说,逻辑是第一工具,面向未来,我们给孩子们最好的礼物是让他们学会逻辑思维。

---

① [以]尤瓦尔·赫拉利,林俊宏译:《未来简史》,北京:中信出版社,2017 年,第 294 页。
② [美]R.基恩·索耶,徐晓东等译:《剑桥学习科学手册》,北京:教育科学出版社,2010 年,第 294 页。

随着知识社会的崛起,科技进步已经成为当前生产力和经济增长的主要驱动力量。未来我们需要大量在各行各业中能够进行自我管理,精通知识生产,包括知识获取、知识加工、知识创造和知识传播等活动的知识工作者。教育要面向未来,知识社会对知识工作者的迫切需要已经反映在世界各国的教育政策之中。

从 2002 年起,美国国家教育协会(NEA)历时两年,制定了一份基础教育"21 世纪学习框架(Framework for 21st Century Learning)",框架中提出了人才培养的 18 种要素,即美国版核心素养的前身——21 世纪技能。随着时间推移,美国国家教育协会采访了诸多领域的专家。几乎所有人同意 4C 是 21 世纪最重要的能力,也是未来人才培养的关键目标。具体来说,4C 包括批判性思维(Critical Thinking)、交流(Communication)、合作(Collaboration)、创新(Creativity)等四个方面的能力。其中,批判性思维和创新能力的培养就与逻辑思维教育直接相关。当然,交流与合作方面也离不开逻辑思维能力。

2016 年,《中国学生发展核心素养研究成果》正式发布。我国的核心素养以培养"全面发展的人"为核心,分为文化基础、自主发展、社会参与三大方面,综合表现为人文底蕴、科学精神、学会学习、健康生活、责任担当、实践创新等六大素养,涵盖了 18 个基本要点。其中,科学精神、学会学习和实践创新三大素养包含理性思维、批判质疑、勇于探究、乐学善学、勤于反思、信息意识、问题解决等内容。这些内容的核心强调的也是逻辑思维能力的培养。

在学前教育阶段,《3—6岁儿童学习与发展指南》(以下简称《指南》)是指导我国幼儿教育的纲领性文件。《指南》强调幼儿在活动过程中表现出的积极态度和良好行为倾向是终身学习与发展所必需的宝贵品质。要充分尊重和保护幼儿的好奇心和学习兴趣,帮助幼儿逐步养成积极主动、认真专注、不怕困难、敢于探究和尝试、乐于想象和创造等良好学习品质。在科学领域,《指南》进一步指出幼儿的科学学习是在探究具体事物和解决实际问题中,尝试发现事物间的异同和联系的过程。幼儿在对自然事物的探究和运用数学解决实际生活问题的过程中,不仅获得丰富的感性经验,充分发展形象思维,而且初步尝试归类、排序、判断、推理,逐步发展逻辑思维能力,为其他领域的深入学习奠定基础。这也就直接指出了幼儿阶段儿童逻辑思维教育的重要性。但遗憾的是,由于各方面因素的限制,我们现有的幼儿教育系统未能提供充分有效的教育环境。

在我国目前的教育体系中,逻辑和思维教育已经被放在了重要的位置。小学和初中的语文、科学、数学的新课程标准直接将思维发展作为重要的目标。部编版高中语文必修教材特别设置了"逻辑的力量"单元。高中政治学科更是将"科学思维常识"课程调整为"逻辑与思维",突出了逻辑的重要地位①。

儿童时期开展逻辑思维教育具有可行性且收获更大。我国著名的心理学家朱智贤和林崇德在《思维发展心理学》一书中写道:"我

① 吴格明:《逻辑思维与语文教育》,南京:南京师范大学出版社,2022年,第5页。

们的一些研究表明,儿童青少年在思维的发展中,表现出几个明显的质变,出生后八九个月,是思维发展的第一个飞跃期;2 岁至 3 岁(主要是 2.5 岁至 3 岁),是思维发展的第二个飞跃期;5.5 岁至 6 岁,是思维发展的第三个飞跃期;小学四年级,是思维发展的第四个飞跃期;初中二年级,是思维发展的第五个飞跃期;16 岁至 17 岁,是思维活动的初步成熟期。机不可失,时不再来。"[①]也就是说,人一生中的六个思维飞跃期,四个在儿童时期,儿童期的逻辑思维教育尤其要引起家长和老师的高度重视。

"逻辑果真那么重要吗?"真的! 我们不妨想一想自己,早晨醒来直到晚上入睡,是不是都在思考? 这思考其实就是推理,亦即逻辑。也就是说,逻辑与我们朝夕相伴,而且一生一世,这难道不足以说明逻辑的重要吗?

由于学逻辑是为了提高思维质量,学不学逻辑更重要的差别体现在人生的意义上。人的一生都在做决策——大大小小的决策。比如说,政府官员关于民生事业的决策,企业家一项大的商业决策,普通老百姓的购买决策,这每一项决策都是一个或一连串的推理,而一项决策错误,大则影响国家或企业的发展,小则也会影响一个人的幸福指数,难道不是这样吗?

由此看来,谁又能说学习逻辑不重要呢? 而儿童是人类的未来和希望,普及逻辑教育,提高中华民族的逻辑思维水平就应当从娃娃

---

① 朱智贤、林崇德:《思维发展心理学》,北京:北京师范大学出版社,1986 年,第 134—137 页。

抓起,你说是不是?

四

"儿童学得了逻辑吗?小孩懂得什么逻辑不逻辑的!"如果有人这样说,那么我们的回答是:小孩学得了逻辑,而且可能学得很好。

儿童生来就有"逻辑",你信吗?脑科学一项研究显示,5个月的婴儿就已经有数字感,并且有被称为"婴儿算术"的推理能力。这是科学理论的根据啊!当然这只是在"前逻辑"或"泛逻辑"的意义上说的。婴儿降生以后,不会说话,也没有思维,但他们会应用逻辑。比如婴儿饿了,他会用哭声召唤妈妈,心理和生理学家称其为"操作性条件反射",而我们则把这种现象看成最原始的"前推理"。这是因为它也有"前提"和"结论",而且从前提到结论也有一种"逻辑"联系:婴儿饥饿是"前提"(事实前提),那么饿了该怎么办呢?"结论"就是用啼哭来召唤妈妈(动作),虽然他们并非自觉地做到这些。婴儿这种行之有效的方法,逐渐形成了类似于推理的"反射模式"。这就是最原始的"逻辑"。

后来儿童学会了说话,同时产生了思维,他们会在象征性游戏中边玩耍边思考边说话,显现出他们的推理能力。而后,儿童就有了更多像模像样的推理,虽然只是直觉推理,或者含有直觉成分的具体推演乃至形式推演。

"既然儿童生来就会推理,那么就用不着进行逻辑思维教育喽!"

那当然不是。儿童天生的逻辑资质就好像一块未经雕琢的玉，"玉不琢，不成器"，玉只有经过精心雕琢才会成为精美无比的玉器。我们常常听到孩子说一些天真而可笑的"孩子话"，其可笑之处往往就在于这些话违反了逻辑。儿童经过严格的逻辑思维训练，就会成为一个有智慧的人，自觉避开思维陷阱，从容面对人生。

逻辑是关于智慧的学问。智慧并不等同于聪明，聪明主要是先天赋予，而智慧则是后天习得；聪明可能反被聪明误，而智慧由于立足于逻辑的牢固基础之上，让人一生受用。当代脑神经学研究表明，人的大脑具有难以想象的可塑性，而儿童的大脑对于外部世界的接受能力更远远超出成年人。这可是塑造儿童大脑的一个重要条件啊！我们哪个人不爱孩子，不"望子成龙""望女成凤"？那么"龙"和"凤"要看如何培养，我们希望孩子聪明，但更重要的是希望他（她）们拥有智慧，享有智慧的人生。如果我们在他们的儿童期就进行逻辑思维教育，给他们一个"逻辑"的大脑，何愁不能"成龙""成凤"呢？有人说"学历是铜牌，能力是银牌，人气是金牌，思维是王牌"，应当说有几分道理啊！

五

人们常说"事实胜于雄辩"，我们还想用自己观察、实验的事实来证实儿童学得了逻辑，而且可以学得很好。这里挑选两个实例，用来说明儿童确确实实学得了逻辑，或许比前述那些理论更具有说服力。

例1

爷爷有意对三岁小孙女方方进行区别性训练,让方方懂得不同事物具有不同的属性。方方在同爷爷说话时说到男孩和女孩,爷爷问,男孩和女孩看上去有什么区别吗?方方说,女孩头发长,男孩头发短。爷爷问,小猫和小狗有什么区别?方方说,小猫有胡子,小狗没胡子。爷爷问,桌子和椅子有什么区别?方方说,桌子有四条腿。爷爷说,椅子也有四条腿呀!方方回答不上来了。两天后,方方说桌子和椅子的区别是"椅子有椅靠"。方方说着,摸了摸椅靠,又摸摸桌子的桌面说:"桌子没有椅靠。"

方方的回答表示她已经能够把一事物同另一事物区分开来了,虽然有的不那么"本质"。对于桌子和椅子的区别费了一些周折,但还是找到了两者的区别所在。

爷爷想利用方方对事物属性的初步认知进行另一项逻辑思维训练。爷爷问方方:厅里有几把椅子?几张桌子?方方开始对厅里不同样式的椅子点数:1、2、3……点到三人沙发时接着数"7、8、9",爷爷问:"沙发也是椅子吗?"方方点头,接着数双人沙发"10、11……"一共14把椅子;再数桌子,一共4张桌子。爷爷问:沙发就叫"沙发",为什么是椅子?方方拉过旁边一张小椅子,摸摸椅靠和椅面,然后坐在椅面上,表示它有椅靠、椅面，可以坐人，所以是椅子。爷爷又指着旁边很像椅子的小梳妆台和小橱灶问方方，方方说那不是椅靠、椅面，不能坐人，所以不是椅子。

显然，方方不但能够根据事物的不同属性把事物分为不同的类，还能够根据同一属性把相同属性的事物归为一类。用逻辑的话说，方方不仅懂得抽象，而且懂得概括。

例 2

小男孩元元学过分类、归类等知识，在他上小学一年级的时候，数学课讲到"大于""小于"和"等于"关系，爷爷告诉元元一种类和类的关系，叫作"包含于"。爷爷举例说，我们把"中国人"这个类叫作 A，"人"这个类叫作 B，A 包含在 B 里面。爷爷随手画出图示，元元脱口而出："包含于关系！"他还解释说：所有中国人都是人，但不是所有人都是中国人。爷爷颇为赞赏，答应以后教元元"类的逻辑"。

一年后，元元二年级，爷爷利用"说闲话"的时间随机地给元元传授类逻辑的一些知识。一段时间过去了，爷爷教完类的表示法、类的关系和类的推演等内容，想测试一下元元的学习效果。爷爷问："学生"和"学校"这两个类是什么关系？学生在学校读书，它们是"包含于"关系吗？元元摇摇头，说"学校"是个地方，而"学生"不是，随手画了类全异关系的两个圆圈。这道题有点儿难，甚至大学生也可能答错。爷爷因此非常高兴,说声"正确",赞许地揉了揉元元的头。正式测试是在一次元元完成作业后的剩余时间里,元元答了一份问卷,答案无错。爷爷看表,不过五六分钟。

这虽然只属"个案",但由于具有典型意义,它们不仅证实儿童学得了逻辑,而且让我们惊讶于孩子们巨大的学习潜力,简直不相信这些事实就是"事实"。除了生活中的典型个案外,心理学家已经通过大量的实验证明,幼儿已经具备了分类、归纳、演绎等逻辑推理能力,而且通过正确的教育引导可以提升儿童的抽象逻辑思维能力[①]。

亲爱的读者们,你们现在相信"儿童学得了逻辑"这个结论吗?

六

儿童逻辑是一个新课题,至少在中国,当今逻辑界的相关著述还很少。当然,以前也曾出版过供儿童阅读的逻辑读物,有的只是一些智力测验题,说不上"儿童逻辑";有的则是"大人逻辑"的简单化和通俗化,缺少儿童心理学、生理学和认知科学的依据。就像卷首诗所说,作为教师,我们教儿童,就要了解儿童,也许"我们只是自以为了解了他们"。为了解儿童思维的逻辑特征,我们不断求索,特别是在比较系统地研读过皮亚杰的儿童心理学著作及相关的后续研究之

---

① 林崇德:《发展心理学》,北京:人民教育出版社,2018 年,第 233—247 页。

后,终于找到了儿童逻辑的理论依据。儿童逻辑有别于"大人逻辑",他们的推理方式自然也有别于成人:儿童的推理有一个从前逻辑到具体推演再到形式推演的发展过程。

皮亚杰是瑞士著名心理学家,也是心理逻辑学的创立者。我们在这本书中吸收皮亚杰儿童心理学的诸多研究成果之后,尝试建立一个比较系统的儿童逻辑理论体系,不妨称之为"儿童心智逻辑"。从表面上看,我们的"心智逻辑"也属于心理逻辑学,似乎与皮亚杰的十分相似,但实际并非如此。皮亚杰的心理逻辑学是心理学的分支而不是逻辑学的分支。他的研究目标非常明确,即实际思维的心理运算规律,其中逻辑符号只是"被用来为儿童和青少年的思维过程提供一种结构模式",而我们所说的"心智逻辑"则是逻辑学的分支,不是心理学的分支。因此,本书与皮亚杰的"心理逻辑学"有着基本方向上的不同,尽管二者都是心理学和逻辑的交叉学科,但皮亚杰的着眼点是心理学,而我们的着眼点则是逻辑,而非心理学。

既然我们的着眼点是逻辑,而非心理学,那么这里所说的"逻辑",必然还是前述"逻辑"意义上的逻辑,即研究推理的形式。甚至在前逻辑中,我们讨论的也还是推理形式,只不过更多地是在泛逻辑的意义上讨论的。

七

儿童逻辑思维教育没有固定方式。对于家长——儿童的父母,或者爷爷奶奶、姥爷姥姥(他们拥有更多的时间),主要是因地制宜在生活中随机地开展一对一教学;对于幼儿园老师,可以把教学内容贯穿于幼儿的学习和游戏之中;对于小学老师,则可以把这本书作为学习拓展进行课堂教学,或者作为数学、语文或科学的参考(课外)读物,辅导三年级以上的学生自学。

至于具体教学方法,可由教育者自由创造,笔者从"一般教学方法"的意义上强调以下几点:

1. 寓教于乐

寓教于乐是一种能让儿童轻松愉快地接受逻辑思维教育的方法,其特点是把教育与娱乐结合在一起,既是娱乐又是教育,教育寓于娱乐之中。即使针对儿童的课堂教学,也必须在轻松、活泼和愉快的氛围中进行。"快乐学习,学习快乐",应是儿童学习逻辑的最佳心态。

玩耍是儿童的第一天性,违背儿童这一天性,任何教育方法都是不成功或者不正确的。儿童的逻辑思维教育应当在同儿童的玩耍中进行。对于儿童来说,玩耍就是学习!中国世代相传的"棍棒教育"有时候也能成功,但它却是一种错误的教育方法,因为它违背儿童的天性,伤害儿童的心灵,以致影响到儿童的健康成长,因而必须坚决予以摒弃。

2. 循序渐进

循序渐进,就是要求教育者按照逻辑的系统性展开教学,一步一步地引导儿童进入逻辑世界。比如在婴幼儿时期对孩子进行区别性训练,教他们学习分类、排序,到了初小①阶段,教他们概念化的知识、判断和悟性推理;高小②阶段讲授形式化的初步知识。如此等等,就是儿童逻辑教学的"逻辑",也就是循序渐进。

循序渐进并不意味着刻板地按教材灌输,特别是一对一的教学,经常是在游戏或"闲话"中进行逻辑思维教育,似乎漫无目的,而实际上教者有心,仍然围绕着某个中心有序地进行。

3. 视觉引导

儿童的思维更多地依赖图像和具体的事物。教育者可以基于人脑超强的视觉表征能力运用涂鸦笔记、思维导图、思考地图、思考路径、认知框架、记忆宫殿等不同类型的思维可视化方法和技术来构建相应可视化学习界面和学习环境,降低儿童在进行抽象逻辑思维时的认知负担。同时,根据儿童游戏开展的需要,结合丰富多彩的图像材料和各种玩教具材料,为儿童的逻辑思维教育提供可操作、可体验、有反馈的人工环境。

4. 重在方法

这是因为逻辑提供的是思维方法而不是某些具体知识。具体知识要在各个具体学科中去学,而儿童的逻辑思维教育只着眼于思维

---

① 在本书中指幼儿园大班到小学四年级。
② 在本书中指小学五年级至小学六年级。

方法,亦即怎样思考,而不是具体地思考些什么。逻辑的思维方法就是思维的"金手指",有了思维的"金手指",就可以点石成金,从而拥有无限的知识财富。逻辑思维教育是"授人以渔"而不是"授人以鱼",一本万利,何乐而不为呢。

儿童掌握正确的思维方法,目的在于提高逻辑思维素养和推理的正确率,从而在人生旅途上能够一帆风顺,遇难呈祥。仅此一点,就足以说明对儿童进行逻辑思维教育的必要性了。

还要说到一点,教育者对儿童学习逻辑的期望值不宜太高。即使成年人也不是搞清了每一个概念的内涵、外延才进行判断,想好了应用哪些规则、公式才去推理的。因为日常推理没有那个必要,也没有那种可能。对于儿童来说,比如"概念化"只要能够把一个概念跟相邻概念区别开来就行了;比如推理,只要心里有正确推理的观念,注意到推理从前提推出结论的思考过程就不错了。进一步的逻辑学习,还有待于中学、大学阶段。来日方长,儿童时期的逻辑教育只是起步。然而"千里之行始于足下",这个起步是十分重要的。

八

如何对儿童进行逻辑思维教育,今天的读者——年轻的家长和老师们,他们中很多人具有高学历和高文化水准,以上所论简单明白。本书的内容其实简简单单(写作力求明白),因为儿童逻辑思维教育不需要复杂的内容,作为教育者,为了适应不同群体的需求,我们在书中开了一些"窗口",介绍一些相关而不需要传授的专门性知识,在一定程度上满足不同教育者及读者的知识需求,或者引导读者去阅读相关的著述。

不过在这里,亲爱的读者,更想告诉你们的是:我们所说的"儿童逻辑"远不是一门成熟的科学,目前只不过是介绍儿童逻辑思维教育的基础性知识而已。因此,我们诚挚地希望儿童的家长和老师们在训练儿童逻辑思维能力的同时也来探索相关的理论,总结你们的实践经验,参与"儿童逻辑"的学科建设,让这个学科尽快地成熟起来。我们期待着!

上编

PART I

前逻辑：婴幼儿时期

第一章　逻辑的起源

本章内容提要

儿童最初的推理并不是思维的形式,而是"感知—运动"图式。这是逻辑推理的特殊形态。

附　言

作为教育者,要给孩子们一碗水,自己必须拥有一缸水。因此,掌握相关理论知识无论如何是必要的。

第一节　逻辑起源于"感知—运动"图式

婴儿一出生就接触到一个崭新的生活环境,对于新环境的最初反应是"无条件反射",比如不学自会吮吸母乳,遇到强烈的光线把眼晴眯缝起来,听到刺耳的声音时发生颤抖,等等。

在出生后第一个月内,婴儿对于外部刺激有了"条件反射",比如婴儿啼哭,妈妈以喂奶的姿势把婴儿搂到怀里,婴儿就不哭了;当妈妈或其他亲近的人出现时,婴儿会凝视着她(他)们的脸,用微笑表示友好;有时候特别兴奋,伴随着强烈而迅速的运动,比如双手举起,两脚乱蹬。当婴儿有什么需要的时候,他们往往用啼哭来表达自己的"意见",比如要吃奶或要大人抱。

随着婴儿的发育和成长,婴儿逐渐与周围环境建立起密切的关系,能够分辨亲人和陌生人,区分白色、黑色、红色等颜色。与此同时,婴儿的运动逐渐趋于协调。约在第五个月的时候,婴儿学会了抓握的动作,可以摆弄玩具和身边的其他物体,形成视觉和运动的协调发展。到了第七个月,婴儿能够从躺卧的状态坐起来,扩大了婴儿的视域和活动范围,促进运动的进一步协调,甚至会用不同方式来摆弄不同的玩具和物件[1]。随着婴儿学会爬行和走路,他们的活动空间大大地扩展,感知和运动能力也就会有更大的提高。从发生认识论的角度看,感知和运动对个体思维和智力的发展起到重要的作用。

著名心理学家皮亚杰在他的心理学研究中把儿童的智力发展约略地分为四个阶段[2],即:

① 林崇德:《发展心理学》,北京:人民教育出版社,2018年,第156—162页。
② 林崇德:《我的智力观》,北京:北京师范大学出版社,2021年,第76—77页。

1. 感知—运动阶段(0岁—2岁)

这是人的智力或思维的萌芽期。婴幼儿只能通过自身的动作及与动作相联系的感知来认识外部世界,处理主客体的关系。该阶段具体分为6个时期:① 反射练习期(0至1个月);② 动作习惯期和知觉的形成期(1至4、5个月);③ 有目的动作的形成时期(4、5至9个月);④ 图式之间的协调、手段和目的之间的协调时期(9至11、12个月);⑤ 感觉动作智慧时期(11、12至18个月);⑥ 智慧的综合时期(18个月至2岁)。

2. 前推演阶段(2岁—7岁)

儿童开始凭借头脑中对事物的表征——表象和语言进行思维活动。思维局限于现象世界,认识容易受事物的现象所左右,表现出现象认知的特点,不能进行运算思维。此外,儿童还是天生的泛灵论者,认为一切事物,比如小花、小草、小动物,都和自己一样有着情感和思想。

3. 具体推演阶段(7岁—11、12岁)

儿童思维开始摆脱现象的束缚,对事物的类属关系与序列关系有所认知,并且有了初步的逻辑推理能力,出现守恒和可逆性思维,可以进行群集运算。但是此时儿童的思维还必须依赖于具体经验,缺乏对抽象思维结构的认知。

4. 形式推演阶段(11、12 岁—15 岁)

与具体推演相比较,形式推演摆脱了经验的束缚,更具有抽象性。儿童可以运用假设进行推演,开始步入形式推演的逻辑阶段。儿童已经能够运用形式运算来解决所面临的逻辑问题,如组合、包含、比例、排除、概率、因素分析等,此时的思维已经达到了逻辑思维的高级阶段。

学者们认为,儿童智力的发展并非阶梯状持续性的过程(图1-1-1中左图),而是像图1-1-1中右图显示的那样是互相重叠的模型,既包括发展的连续性又包括发展的间断性。在这里,儿童像是不断地向下一阶段过渡,他们的反应方式具有跨阶段的特征。但在每个阶段,当新颖的思维方式首次出现之后,固有的思维方式仍有一个稳步的增长[1]。

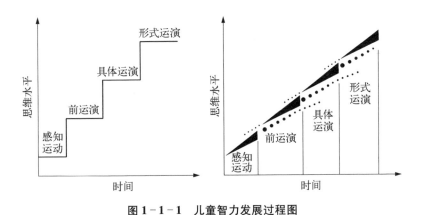

图 1 - 1 - 1 　儿童智力发展过程图

---

[1] 　[美]埃德·拉宾诺威克兹著,杭生译:《皮亚杰学说入门——思维、学习、教学》,北京:人民教育出版社,1985 年,第 96 页。

它们不是互不联系的、静止的各个阶段,而是连续发展的、相互重叠的阶段。

比如说,皮亚杰认为,6岁以下的儿童是自我中心主义的,但有些实验却发现,3岁儿童就具有了非自我中心能力。皮亚杰认为,儿童一般到8岁才能认识到守恒性,但有实验却显示3—4岁的儿童就能理解数的一一对应关系和数的守恒。此外,皮亚杰还认为幼儿不能区分一个物体表面上看起来像什么和真的是什么,不能进行因果推理。但越来越多的研究者认为,3—4岁儿童就能很好地完成因果推理,皮亚杰低估了幼儿的思维能力[①]。在儿童的类比推理研究方面,在具备相应知识经验的条件下,没有知觉分心干扰时,4岁儿童已经能够正确地完成类比推理任务[②]。因此,我们认为在皮亚杰所说的前推演阶段,儿童已经存在大量的具体推演活动。

人物介绍

让·皮亚杰(Jean Piaget, 1896—1980),瑞士人,当代最有名的儿童心理学家,发生认识论和心理逻辑学的创立者。著作有《儿童心理学》《发生认识论原理》《智慧心理学》等。

---

① 林崇德:《发展心理学》,北京:人民教育出版社,2018年,第240页。
② 李红:《中国儿童推理能力发展的初步研究》,《心理与行为研究》,2015年第5期。

名词解释

感知 感觉和知觉的合称。感觉是刺激作用于感觉器官，经过神经系统的信息加工所产生的对刺激物个别属性的反映。知觉是一系列组织并解释外界客体和事件产生的感觉信息的加工过程。

表象 过去感知的事物在人脑中再现出来的形象。表象有两种：感知过的事物在大脑中重现的形象叫记忆表象；由记忆表象或现有知觉改造成的新形象叫想象表象。表象可以是表象图式或者表象思维，后者亦即形象思维。

我们说"逻辑"起源于"感知—运动"图式，这里的"图式"一词是指婴幼儿的一种动作结构——人类认知事物的最初形态。婴儿最初的图式是一些本能动作，即"遗传性图式"，以后在适应环境的过程中不断地改变和复杂化。这时候的婴幼儿当然没有思维，也没有语言，他们的逻辑推理模式就是从简单的"感知—运动"图式发展出来的。

附 言

如果觉得"图式"有些费解，不妨从"模式""模型""结构"乃至公式等概念中获得一些启示。皮亚杰的"图式"概念很宽泛，具体推演和形式推演中的推理模式和演算公式也是图式。

　　婴儿降生以后,主要通过自身的动作以及与动作相联系的感知来认知外部世界。婴儿最初接触乳头就会吮吸母乳,即源于天生的"刺激—反应"机制,生理学称之为"无条件反射"。一个月后婴儿对于外界的刺激就会产生"条件反射"。如果将一个中性刺激,比如母亲说"吃奶了"的声音或者播放某个乐曲,与喂奶这一无条件刺激反复匹配出现,婴儿就能够对这中性刺激产生条件反射——寻找乳头或者流口水。这称为"经典条件反射",源于著名的巴甫洛夫条件反射实验。婴儿在表现出一种自发的反应或行为之后,能够根据这种反应或行为的后果来协调自己的行为,这叫"操作性条件反射"。比如婴儿在饥饿或尿湿的时候会用哭声召唤母亲,就在哭声与母亲的哺乳或安抚行为之间建立了联系,因为哭声可以获得令人满意的结果。婴儿这种源于"刺激—反应"机制的"反射模式"——一种"感知—运动"图式,会以类似于"逻辑的格"在婴儿的大脑积淀下来,成为逻辑的源头。

拓展阅读

　　巴甫洛夫,俄国著名的生理学家。巴甫洛夫"条件反射"实验是生理学中最著名的实验之一,即在实验中先摇铃再给狗以食物,狗得到食物会分泌唾液。如此反复多次,狗听到铃声就会产生唾液。(这实际就是一种动物推理。也就是说,动物也有推理。)

根据心理学家的观察和研究,新生儿吮吸母乳的反射动作,虽然属于本能,但是通过练习可以改进其技能。3—6个月,婴儿视觉与抓握动作已经能够协调起来。比如婴儿偶然拉动从摇篮篷上挂下的一根绳子,导致与这根绳子相连的一套玩具发出撞击声,于是这些反应可作为整体而被重复着。7—8个月,婴儿为了抓住隐藏在帘幕后的目的物,会首先拉开帘幕然后抓住目的物。再后来,婴儿可以用某个物件把目的物移向自己,由于利用了工具,可以看成是通过先前各种形式的活动所引起系列关系认知的表现。到一岁半左右,婴儿如果是第一次接触短棒,可能仅仅通过观察而不需要尝试错误,就能够领会到短棒与所要取得的目的物之间的可能关系。婴幼儿这些从简单到复杂的"感知—运动"图式,显示了一些"前推理"的逻辑特征,即以事实为"前提",以"感知—运动"图式为推演的过程,从而得出婴幼儿所希望出现的"结论"。这些图式使用的过程虽然还称不上真正的推理,但已十分类似于推理,或者说是推理的特殊形态。这样的"逻辑"就称为"前逻辑"。

第二节　情感、思维、语言与逻辑

儿童在认知的过程中,既然前逻辑捷足先登,那么情感、思维、语言的发生又是谁先谁后呢? 它们的顺序是:情感先于思维,思维先于语言。

婴儿在出生一个月的时候就有了明显的情感表现。如果成年人向新生儿表现出高兴、悲伤或者吃惊等面部表情,他们就能在一定程度上模仿这些表情,甚至成年人向新生儿示范张嘴、伸舌头等动作时,他们也会模仿这些行为,还往往在短暂的迟延之后展现出与成人一样的表情。

在婴幼儿的"感知—运动"阶段,心理学家把婴儿的动作区分为原始动作和继发动作。原始动作是主体对于客体的认知,表现为智慧,而继发动作则是主体的自我反应,构成了原始的情感。就智慧与情感的关系而言,情感确定行为目标,智慧提供手段;情感给出动力,智慧给出动作的图式。最初的情感是紧随着最初的智慧发生的。

拓展阅读

　　"智慧"的词典意义是"辨析判断和发明创造的能力"。皮亚杰认为,智慧具有生物适应和逻辑推演的双重性质,是认知过程的一种高级平衡形式。智慧有两类:一类为经验性即实践的智慧,另一类为思考性即逻辑的智慧。

　　对于情绪和情感过程,神经生理学是这样描述的:感觉器官和感觉通路把外界信息传入大脑,同时传入侧支兴奋脑干网状结构,造成脑广泛性唤醒状态,以便更准确地感受外部环境。这些传入的信息与情绪反应有关的脑结构聚合以后,一方面形成情绪体验,另一方面沿传出通路和外周神经引起情绪的表达。在多次情绪体验的基础上形成稳定性态度体验,就是情感。

　　思维萌芽于婴幼儿"感知—运动"阶段的后期,起源于区别指称物和被指称物的能力,依赖于符号的中介作用。思维是通过符号形体(指称物)的中介,间接地认知对象事物(被指称物)的。在皮亚杰的理论中,思维也是一种动作,即"内化的动作",也就是说,思维不过是把形体动作转换为大脑的活动,这大脑的"活动"也是动作,比如"推理"的"理"从哪里来的? 就是"推"出来的,只不过是在大脑内部用思维的方法"推"出来的。这个"内化""感知—运动"性智慧活动像慢动作的电影,一切画面都是逐个显现出来的,因而缺乏理解整体的连贯性视像。而思维则体现了运动性的意象,超越了"感知—运动"图式的局限性,力图包罗整个世界,包括看不见的东西甚至不能描述的东西,因而具有实现逻辑推演的特殊能力。传统逻辑就把"逻辑"定义为研究思维形式及其规律的科学,现代逻辑更是把形式化看作重要的现代思维方法。

拓展阅读

　　符号学是逻辑的元科学。在符号学中,语言、思维、推理等都能得到本源性的解释。

　　思维是一种高级神经活动,是大脑把外界事物的信息转换为知识的认知过程。简单的说法是神经元通过电信号和化学信号进行沟通的过程,即生物电流通过神经元的轴突传导神经冲动,这种冲动是钠离子 Na^+、钾离子 K^+、钙离子 Ca^{2+} 和氯离子

Cl^-四种常见的离子运动的结果。由神经元产生的运载信息的化学物质称为"神经递质"。最新的脑结构与功能成像技术已经能够观察到人脑如何进行学习与思考,并产生情绪情感和各种社会行为。

名词解释

意象　意象是由记忆表象或现有知觉形象改造而成的想象性表象。表象是在知觉的基础上所形成的感性形象,分为记忆表象和意象表象。

思维的产生早于语言。思维发展是语言发展的基础,儿童只有达到一定的思维发展水平之后才可能掌握语言,学会说话。儿童的语言发展与他们的思维发展水平是相适应的。

据心理学家的研究发现,早在孕期胎儿已经开始熟悉人类语言,尤其是母亲的语言。婴儿出生4个月后进入咿呀学语阶段,虽然还只是练习发音而不懂得意义。就整体上说,儿童的言语(语言的应用)理解先于言语表达。1岁左右的儿童就逐渐理解了许多词的意义,构成了他们运用语言的基础。至于有音节语言的出现则是在"感知—运动"阶段的终末,亦即一岁半到两岁这个期间。

拓展阅读

> 大脑至少有两个区域同语言相关：一个是位于左额叶的布洛卡区，是语言产出的中心区域；另一个是左颞叶的威尔尼克区，主管语言理解能力。

语言来源于"感知—运动"图式，但它比"感知—运动"图式优胜得多。语言是人类用来代表具体事物的符号，语言符号将思维从直觉的范围解放出来，让思维插上无形的翅膀，任情地遨游。逻辑也因此最终走出"外化"动作的原始时期，步入了"言语思维"逻辑的康庄大道。

语言作为符号，它有形式和内容两个方面：形式是语音，内容则是意义，而语言的意义就是思维的成果，亦即"思想"。就语言的逻辑而言，单词或短语相对应于概念，比如"妈妈""妈妈的头发"；句子相对应于判断，比如"妈妈的头发乱了""苹果很甜"；复句或句群相对应于推理，比如："我是好孩子，因为我讲道理。""我去！我不是不去。"逻辑上说，推理是由判断组成的，而判断又是由概念组成的。然而，一个判断往往就是一个或一些推理的结论，甚至一个概念也可能经过许许多多推理才最后形成。因此我们说：推理是逻辑的核心内容，逻辑是研究推理的科学。

说完了思维、语言与逻辑的关系之后，我们需要讨论一下情感与逻辑的关系。人们通常认为，逻辑只研究人类的理性认识，与情感无关。这对于现代的数理逻辑来说或许是这样，但对于人们的日常推理亦即"应用逻辑"来说,那就并非如此了。人们的日常推理通常离不开情感,甚至在科学家创造发明的推理中,情感也是不可忽略的重要因素。

心理学家把管理情绪的能力叫作"情商",即"情绪智力"。不过对"情商"的理解,如果把它看作"智商"的对立面则似乎不妥,就连"情商"的提出者丹尼尔·戈尔曼也说,用"情智"(EI)作为"情绪智力"的简称比用"情商"(EQ)更为准确。

心理学家认为,从某种意义上说,我们有两个大脑、两种心理,以及两种不同的智力——理性智力(理智)和情绪智力(情智)。推理与情感并不冲突,因此可以在感性和理性之间找到平衡。传统范式认为理性应当超脱于感性的约束,新范式则要求我们头脑和心灵保持和谐。我们的行为由二者共同决定,智商和情商同时发挥作用。实际上,没有情绪智力,思维就无法达到最好的效果。

1995年,戈尔曼《情商——为什么情商比智商更重要?》一书出版[①],这本书指引着人们重新思考什么是聪明(聪明具有天赋的性质,但也是可以改变的)。他说,传统意义上的智商对于一个人一生的影响至多只有20%,另外80%则受其他因素的影响,其中最重要的就是情商。这一研究表明,在"应用逻辑"的研究中,如果忽视情感在推理中的作用,那么这样的推理还会有多少的实用意义呢?

请看下面的例子:

[①] [美]丹尼尔·戈尔曼著,杨春晓译:《情商——为什么情商比智商更重要》,北京:中信出版社,2010年。

　　有一位年轻的父亲,女儿三岁,哭着要带米老鼠玩具去幼儿园,说米老鼠是她的弟弟,弟弟在家里害怕。但是幼儿园不允许孩子带自己的玩具。这个父亲知道要用孩子的逻辑去思考孩子的问题,用孩子的语言与她沟通。他对女儿说:"这个弟弟几岁啦?"女儿说:"一岁。"爸爸说:"一岁的娃娃能上幼儿园吗? 应该让谁看着呀?"女儿回答:"不能去幼儿园,要妈妈看着。"爸爸说:"把弟弟放在家里让妈妈看着,晚上回来再陪弟弟好不好?"女儿回答:"好。"可爱的小女孩被父亲说服了。

这段对话显示了父亲和女儿都有很好的情商和智商,正是这种情商和智商的巧妙结合,父亲才能如此轻松地说服了女儿,在和谐的氛围中显示了逻辑的独特魅力。

拓展阅读

　　额叶　位于脑的最前部,负责监控高级思维,指导分析问题、制订计划和解决问题,调节情绪边缘系统的过度活动等高水平的认知活动。

　　顶叶　位于脑后上部,负责感觉整合,也在阅读、书写、语言和使用计算中起重要作用。

　　颞叶　位于脑侧方,靠近两耳,是听觉、表达以及部分学习和记忆的脑区。

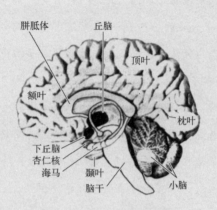

图 1-1-2　脑的中切面图

枕叶　位于脑后部,是处理视觉刺激的中心。

小脑　位于枕叶下方,脑干旁边,维持身体平衡和姿势,调整肌肉功能,还同认知以及情绪相关联。

丘脑　位于脑中央深处,是一个关键的感觉中转站,接收除味觉以外的感觉信息,然后传递到大脑皮层的其他区域进行加工,也是身体激励系统的一部分。

下丘脑　位于丘脑之下,主要影响并调节食欲、激素分泌、消化、性欲、循环、情绪和睡眠。

胼胝体　位于中脑区域,负责大脑两半球之间的信息传递。

杏仁核　大脑边缘系统中呈杏仁形状的结构,将情绪信息的编码传入长时记忆中。

海马 位于脑中央、颞叶深处,大脑两半球各有一个。将学习的新知与记忆进行比较,并将信息编码从工作记忆转入长时储存。

脑干 位于脑的底部,接收感觉输入,监控心率、体温以及消化等重要机体功能。

第二章　动作逻辑

本章内容提要

> 婴幼儿的逻辑为动作逻辑，是逻辑的原始状态。这一时期的逻辑思维教育主要包括习惯化教育、区别性教育和因果性教育。动作逻辑属于前逻辑。

第一节　什么是"动作逻辑"

逻辑把思维定义为大脑对于客观事物特有属性或关系的反应（这里仅指理性思维或抽象思维，不包括形象思维意义上的思维）。对于婴幼儿，尤其是 0 岁至 2 岁的婴幼儿来说，显然不具备这样的思维条件。按照皮亚杰的说法，这一阶段的婴幼儿拥有"感知—运动性智慧"。我们称这一时期的"逻辑"为"动作逻辑"。

拓展阅读

　　皮亚杰的早期研究,提出心理结构的发展涉及图式、同化、调适和平衡四个方面。"图式(scheme)"前面已说到,下面解释其余三个方面:

　　同化(assimilation)　　皮亚杰说:"就有机体的动作依存于它先前对于同样或相似客体的行为而言,可以用'同化'这一名词来描述该有机体对周围客体的动作。"简单地说,同化就是婴幼儿把现实的材料整合到已有的图式体系之中,用以加强和丰富主体的动作。或者形象地说,同化好像消化系统把营养物吸收进来作为养分一样。

　　调适(accommodation)　　皮亚杰说:"刺激输入的过滤或改变叫作同化;内部图式的改变,以适应现实,叫作调适。"如果说同化是把外界的刺激或环境因素纳入已有的图式或认知结构之中,那么,调适则是改变自身的认知结构以适应外部的环境。

　　平衡(equilibrium)　　平衡是指同化作用和调适作用两种机能的平衡。儿童每次遇到新事物,在认识过程中总是试图用原有图式去同化,如果获得成功,便得到暂时认知上的平衡。反之,儿童便做出调适,调整原有图式或创立新图式去同化新事物,直至达到认知上的新的平衡。

此外,还有两个重要的方面:协调和适应。

协调(coordination)　协调是指婴幼儿对动作之间所蕴含的一种逻辑经验,协调的产物就是形成某种动作的图式。协调是主体同化外界事物的工具和手段,按照皮亚杰的说法,逻辑就是在动作的协调中产生的。

适应(adaptation)　皮亚杰说:"可以把适应定义为有机体对于环境的作用与环境对于有机体的作用之间的平衡。"也可以说是婴幼儿通过同化和调适两种形式来达到自身与现实的平衡,这种平衡就是适应。皮亚杰非常重视"适应"这一概念,认为智慧的本质就是适应。

皮亚杰认为婴儿是自发地,然而又是积极地探究周围环境的。他们将事物"同化"进自己的动作模式,同时又不得不使这些模式"调适"于外部世界的要求。在这个与环境相互作用的过程中,儿童的先天反射和行为模式得到了改变、分化和互相协调。动作模式的组织化产生"动作的逻辑"。

动作逻辑就是婴幼儿"感知—运动"图式所显现的前逻辑。动作逻辑反映了婴幼儿动作协调的特征,"凡有'协调'处,就有逻辑的萌芽",尽管主体对之毫无意识。动作逻辑自然不属于通常意义下的"逻辑",但它的逻辑意义在于可以为逻辑的起源问题提供一条解释途径。

皮亚杰认为，"所有的逻辑问题最初都产生于物体的操作"。儿童的"动作逻辑"，作为前逻辑，它是逻辑的原始形态。"感知—运动"图式实际上就是原始的推理模式，运用"感知—运动"图式，婴幼儿可以根据情境刺激采取相应的协调动作以求得平衡。这种动作的协调类似于逻辑的推理方式，平衡类似于推理的效应。当然类比总不是那么准确，但是可以让我们去思考和理解逻辑发生论上的一些道理。

婴幼儿在"感知—运动"阶段所"创造"的动作逻辑，是指婴幼儿躯体动作的逻辑，待思维产生以后，动作逻辑就会转换为思维的逻辑。思维虽然是"内化的动作"，但它毕竟是大脑的"动作"而不是躯体动作，因此思维的逻辑有别于"动作逻辑"。

在皮亚杰看来，逻辑推演是在感觉运动智慧中就具备了的，而前者就是后者内化的结果。因而，逻辑思维的获得并不是儿童言语之间相互作用的结果，而是儿童的动作逻辑在新的心理层次上重建的结果。

附 言

皮亚杰对"动作"概念采取广义的理解，他把诸如表象乃至抽象的推演也看成是一种"动作"，即"内化的动作"。"动作逻辑"的动作是"外化"的动作。

　　动作逻辑体现了婴幼儿"感知—运动"的智慧。所谓"智慧",是从"感知—运动"性机制中产生出来的一种平衡形式。"智慧,行为结构上的这个最富有可塑性而同时最持久的平衡,实质上是一系列生动而起作用的推演系统。智慧是最高度发展的心理适应形式……"①智慧并不等同于聪明,聪明主要是先天赋予,而智慧则更依赖于"后天习得"。聪明人未必能够成就事业,只有智慧才能使人在事业上稳操胜券。

　　智慧既然是后天习得的,所以必须经过系统和反复的教育。作为婴幼儿的动作逻辑教育,主要内容包括习惯化教育、区别性教育和因果性教育,而这些教育,可以一直延续到幼儿园时期。

第二节　习惯化教育

　　婴儿最初的习惯形成于"感知—运动"智慧形成阶段的初期,大约是出生 3 个月之后。婴幼儿的习惯化教育不妨就从这时候开始。

名言·格言

> 习惯成就性格,性格决定命运。

---

　　① Piaget, j: *Logic and Psychology*, Manchester University Press, 1956, p.12.

婴儿出生后,养育者给婴幼儿一个新鲜的刺激,他们反应明显,但在多次呈现这个刺激之后婴儿就不再注意这些刺激,因为习惯了。这就是一个习惯化的过程。这时候养育者如果给婴儿一个新的刺激,又会重新引起婴儿的注意,开始一个新的习惯化过程(心理学上称为"去习惯化")。实验表明,让出生4天的婴儿反复观看一个简单图形,多次重复以后,婴儿注视时间逐渐减少;实验者如果更换一个图形,婴儿注视的时间又显著增加,而且新图形与旧图形差异越大,婴儿的注视时间越长。这说明婴儿能够把新刺激和旧刺激区别开来,并且唤起对新刺激的兴趣,记住新的图形。每一个新生儿都必然要经历这样一个又一个习惯化的过程,并在这个过程中自然成长。

拓展阅读

　　神经生理学对习惯化的定义是:当重复给予较温和的刺激时,突触对刺激的反应逐渐减弱甚至消失的突触可塑性表现。进一步的研究表明,神经突触的习惯化是由于突触前末梢的钙离子通道在重复刺激下逐渐失活,钙离子内流减少,末梢递质释放减少所致。当婴儿注意一个对象时,他的心率会放慢且会将头转向刺激源,但当同一个刺激持续呈现的时候,婴儿的心率就会逐渐恢复到原来的水平,或将头转开,这个过程就是新生儿的习惯化。

婴幼儿在习惯化的过程中,经过一次次实践把复杂的"感知—运动"图式简化为相对稳定的动作模式,以便在相同或相似的情况下进行简单的重复性操作,于是形成最初的"逻辑的格"。习惯化催生了婴幼儿的"感知—运动"性智慧,亦即实践性智慧。婴幼儿的习惯既有有利于身心发展的好习惯,也有坏习惯或不良习惯,养育者的责任就是有计划地培养他们最初的良好习惯。

婴幼儿的习惯化教育主要是生活习惯的教育,包括作息习惯、饮食习惯和卫生习惯。

作息习惯

养育者给婴幼儿制订一个作息时间表,以保证婴幼儿有足够的睡眠时间。经过训练,婴幼儿可以在规定时间入睡和醒来,形成合乎科学的生物钟。此外,婴幼儿睡眠的房间要保持宁静,保持合适的温度、湿度和明暗度。

饮食习惯

包括婴儿期定时哺乳;幼儿定时、定量进餐;不偏食、不挑食,保持膳食平衡;尽早培养孩子拿筷了、勺子的技能,养成独立进餐的习惯;进餐时不玩耍,不离开桌椅,不随意丢撒食物。

卫生习惯

包括洗脸、洗手、洗头、洗脚、洗澡、剪指甲、换洗衣服以及居室卫生。还得培养婴幼儿注意细节问题,比如洗头要洗到脖子、耳根,洗手要洗遍手心、手背、手指、指间和手腕。

婴幼儿的习惯化教育除生活习惯外,还包括行为习惯和学习习惯。

行为习惯

比如养育者可以通过对婴儿的行为增添某种后果(比如吮乳时乱抓乱踢则不让吮乳),建立适当的操作性条件反射,让婴儿形成某些好的行为习惯,改正某些不好的行为习惯。待婴儿稍长,可以培养孩子的礼貌行为,但不要过度,以免产生逆反心理。

学习习惯

有个小男孩还不会说话的时候,妈妈每天都安排一个时间,喊着"现在读书了",把小男孩拥在怀里,拿着小人书,教他识图,给他讲故事。这个小男孩后来一直喜欢学习,上学后各门功课也很优秀。

良好习惯是后天经过培养形成的一种自动化的操作。心理学所说的"定势",就是指重复先前的操作所引起的一种心理状态,会使人们以某种习惯的方式对刺激作出反应,以致达到自动化的程度。这种自动化操作属于动作逻辑的典型形式——习惯逻辑:每当"动作前提"出现的时候,他就"习惯"地回应相应的动作,也就是"结论"。

拓展阅读

人们常说的"思维定式",是一种按照常规处理问题的思维方式,可以缩短思考时间,提高效率。在日常生活中,思维定式可以帮助人们解决每天碰到的90%以上的问题。从大脑皮层活动情况看,定势的影响是一种习惯性的神经联系,即前次的思维活动对后次的思维活动有指引性的影响。所以,当两次思维活动属于同类性质时,前次思维活动会对后次思维活动起正确的引导作用;当两次思维活动属于异类性质时,前次思维活动会对后次思维活动起错误的引导作用。所以思维定式也会起负面作用。

第三节　区别性教育

分类的认知就是从"区别"开始的。比如日月山川、飞禽走兽、树木花草,等等,只有把它们彼此区别开来,才能够进一步认识它们各自的属性,从而利用它们,实现人类的生存和发展。

婴幼儿最早产生区别性的认知是对主体和客体的区分。心理学研究表明,婴幼儿起初没有自我意识,不能把自身同他人以及周边的事物区别开来。他们的每一个活动都是把自身直接与客体联系起来的孤立整体,例如吮吸、注视、把握等活动就是如此,心理学上称之为"自我中心化"。直到18至24个月的时候,婴幼儿开始"去中心化"的转变,他们的活动不再以自我为中心,而是把主体看作空间诸多事物中的一个,并且认识到自己才是支配客体活动的主体,于是主体与客体之间的活动得到进一步的协调。实验表明，儿童 0—1 岁时，给他玩过一件玩具之后，如果把这个玩具用东西盖住，他以为玩具不存在了，于是放弃寻找；如果把玩具从他玩的地方转移到另一个地方，他会在原来的地方寻找。1 岁或 1 岁半以后，如果把他们正在玩的玩具在他们注意的情况下拿到另一个地方，他会到另一个地方寻找。这时候他们通过动作了解了"客体"，即这个物体虽然不在眼前，但它仍然是存在的，于是把主客体区别开来。区别主客体是这个时期婴幼儿逻辑认知的新起点，婴幼儿区别了主客体之后就可以进一步认知各种不同的客体，增加对于客观世界的了解。

实例添加

> 根据观察，孩子有一段时间拿到东西就扔，大人捡起来，他再扔，乐此不疲。大人们很不理解。其实这正是孩子成长标记性的表现：他不仅区分了自身动作和动作对象的关系，而且意识到自己做出一个动作就能够改变那些东西的状况，他怎能不为此而兴奋不已哩！又如，你把一只圆环挂在孩子的耳朵上，他会很快把圆环摘下来，因为圆环是他不感兴趣的"身外之物"。在更小的时候，小家伙就没有这种本事。那时候他们分不清谁是主体谁是客体，会把自己的手指和脚趾当成玩具来玩，摆弄自己的手指，啃自己的脚丫子。

婴幼儿的区别性教育最主要的内容是分类、归类和排序。分类是根据事物的不同属性分门别类,比如把家具类分为桌子、椅子、橱柜和床等小类;归类是把具体事物归入不同的类别之中,比如把苹果、香蕉、桃子和梨等小类归入"水果"这个大类。至于排序则是使类和类之间发生某种关系,比如多少、大小、长短、粗细等,让他们认知这些关系,并且根据某一种关系把若干对象事物排列起来。

在此过程中,教养者还可以引导儿童寻找分类或归类的根据,培养孩子注意区别不同类的科学依据。比如苹果、橘子、香蕉为一类是因为它们都是水果,小猫、小狗为一类是因为它们都是动物,如此等等。

区别性逻辑思维教育方法很多,教养者可以自由创造。这里说说谈话法、实验法和阅读法。

谈话法

谈话法是一种最常用,也最简便的方法,可以随时随地进行。比如站在窗前,教养者可以指点窗外景物,告诉孩子什么是太阳,什么是大楼,什么是马路;如果在夜晚,则告诉他们什么是月亮,什么是星星;在公园里,告诉他们什么是树,什么是花,什么是草;吃水果时,告诉他们什么是苹果,什么是橘子,什么是香蕉,如此等等。经过一段时间训练之后,可以把区别性训练转换一种方式:要他们用手指点出什么是花,什么是草,什么是苹果、香蕉,什么是汽车、自行车,还可以要求他们从水果篮里取出香蕉或者苹果,从玩具堆中拿出积木块、布娃娃,等等。这样的训练可以不断加深婴幼儿对于不同事物的心理表象,形成不同事物的初始概念,发展抽象思维的能力。

实验法

实验法的优点是实验者能够控制条件,避免受试者分散注意力。比如制作一些小棒,让儿童进行长短、粗细的分类,要求他们分辨出谁长谁短,或者谁粗谁细,然后按不同的长短或粗细排列起来。当然也可以用眼前的实物或玩具作为教具,比如要他们把水果篮里的苹果、香蕉、葡萄等水果分开,并比较它们的大小以及颜色的深浅;把玩具堆中不同形状的积木区别开来。这些做法仍然可以看作是一种实验。

阅读法

婴幼儿不识字,自然不会读书,但孩子喜欢看有图画的绘本,教养者可以同孩子一道边看书边给孩子讲解,让他们从图画中分出不同类别,比如哪些是人物,哪些是动物,哪些是植物,哪些是文具,然后再从人物中分出大人小孩、男人女人,从动物中分出飞禽走兽,如此等等。

通过区别性教育,让儿童学习最基本的类的知识,为进一步掌握事物的概念、进行判断和推理做好前期的准备。心理学家认为,分类的协调活动将"成为'逻辑—数学'结构所依据的一般协调的最初形式——而这些'逻辑—数学'结构的往后发展是极为重要的"。

教学提示

传统逻辑教学总是从概念开始,然后由概念组成判断、由判断组成推理。讲概念时直接讲述概念的内涵和外延,而不讲概念的形成或来源。其实概念就来源于区别,即把一事物与另一事物区别开来。分类就是认知概念的外延;分类依据的事物属性即是内涵。所以儿童的区别性教育就是为以后掌握概念服务的。概念是推理的基石,所以区别性教育是最基础的逻辑教育。

第四节　因果性教育

婴幼儿有了区别主客体的能力,逐渐体验到动作与效果之间的一些关系,取得动作协调的主动性。婴幼儿的"动作"与"效果",构成了他们最初对于因果关系的认知。

因果性的逻辑思维教育是婴幼儿"前逻辑"行为中最具有逻辑意义的行为训练之一,但是训练方式需要随着婴幼儿发育成长的不同时期而有所不同:起初为操作式,继之为激发表象式,再后为谈话式。

1. 操作式

婴幼儿"感知—运动"图式有一个长时期智力发展的过程。早先婴儿以自我为中心,不能区分主体和客体,不能认知因果图式中存在原因与结果之间的关系。稍后，幼儿以抓握、移动、摆动、击打等方式玩耍客体，但仍然不知道自己动作以外的逻辑关系。比如孩子摇动拨浪鼓可以使拨浪鼓发出"咚咚"的声音，让孩子感兴趣的是那"咚咚"的声音，而不会把拨浪鼓产生声响的原因归于拨浪鼓的摇动。再后来，如果教养者把一个玩具放在毯子下面，儿童会掀开毯子拿出玩具。这表明儿童已经能够利用"推想"进行联合动作，形成因果性的动作图式了。

实验表明，随着儿童对客体定位和寻找行为模式的发展，位置移动组成了实际空间的基本结构，形成位移群的图式，成功地解决了儿童许多动作的协调问题。比如，当客体不在眼前时，儿童会去寻找客体；比如有捷径可走时，会寻求捷径。儿童移动客体和寻找的动作就是实际空间的位移以及由许多位移组成的位移群。

2. 激发表象式

心理学家的研究表明，儿童在 18—24 个月的时候产生了心理表象，并用表象进行思维。表象思维能以一个差不多是同时性的整体形式把过去、现在和将来的活动在头脑中显现出来。在这个阶段，儿童虽然还不会说话，但是已经能够应用表象思维寻求运动图式的因果联系。比如，婴幼儿在抛出一个球之后，能够在头脑中想象这个球的运动轨迹，推测球可能会滚到某个地方，从而到那个地方去寻找。儿童这个时期的因果型训练，就是不断地激发他们如何应用表象思维判断事情发生的各种可能性，从而促进儿童因果推理能力的发展。

教育家陶行知曾经幽默地说:"人人都说小孩小,其实人小心不小。你若小看小孩小,你比小孩还要小。"好一个"人小心不小"啊!我们观察到还不会说话的孩子似乎"什么都懂",没有他们不知道的事情,实际上靠的就是表象思维。教育者也可以和不会说话的孩子"对话",比如告诉他们点头表示肯定,摇头表示否定,就可以同他们讨论许许多多的问题。比如问"你饿了就想吃饼饼,是吗?""吃过早饭,你就要上托儿所了。是吗?""妈妈给你买花衣服,你喜欢妈妈。对吗?"孩子都会用点头或者摇头来表示自己的意见。这样"对话",可以激发他们的表象思维,发展他们的理解力、想象力和推断能力,促进对于事物因果关系的认知。

拓展阅读

语言并非思维的唯一载体。儿童在语言产生之前,思维的载体是表象。在艺术家那里,表象思维演化为形象思维,也不必以语言为载体。

3. 谈话式

儿童在一岁半至两岁期间学会说话,自此因果关系的认知就属于言语思维了。这时候的因果性教育,采取提问的形式更为方便快捷。比如问"人为什么要吃饭? 布娃娃为什么不要吃饭?""小鸟为什么会飞？小白兔为什么不会飞？"等等，他们的每一个回答都是对因果关系的认知。也可以在谈话中给他们讲解常见事物中的一些因果关系。比如"小孩好好吃饭就会长高""天冷了要多穿衣服"等等。这样的谈话不仅告诉他们"是什么"，更重要的是"为什么"，让他们更多地理解事物之间的因果关系，从而更好地认知事物。

因果关系的言语表达为因果复句。婴幼儿两岁左右已经会说"因为""所以"之类的因果复句联结词，虽然未必用得准确。因果句一般表达的是客观事物之间的因果关系，比如，问："小鸟为什么会飞呢？"答："因为小鸟有翅膀。"问："小白兔为什么不会飞呢？"答："因为小白兔没有翅膀。"这里用到了"因为"。又如："盒子里的巧克力哪儿去了？""我饿了。所以，我吃了！"这里用到了"所以"。孩子也可能说"我饿了，就把巧克力吃了"。话语里虽然没有"因为"或"所以"，但其中的因果关系仍然是十分清楚的。

因果句表达客观事物间的原因和结果之间的关系，也表达人们思想中理由和推断间的关系。比如"你为什么不睡觉？""我想再看一会儿电视。""你为什么到沙发底下找球呢？""因为其他地方都找过了。"这里的"因为，所以"说的就是人们思想上的理由和推断关系，而不是客观事物间的因果关系。无论是"原因—结果"或者"理由—推断"关系都可以用因果句表达出来，都可以在对话中完成。

"因为""所以"句表达的就是推理，"因为"是前提，"所以"是结论。儿童获得语言能力之后，因果性教育就属于"思维逻辑"意义上的推理教育。因此，在婴幼儿的因果性教育中，虽然更多的还是具体事物中的因果联系,但也要注意培养他们"理由—推断"的能力,为以后学习逻辑推理做好准备。

教学提示

> 　　逻辑研究推理,而推理就是"因为,所以",或者简单地说,就是"所以"。因此,婴幼儿因果性教育是直接为以后的逻辑推演服务的。明白此目的就会取得更好的教学效果。

第五节　动作逻辑的提升教育

　　动作逻辑的发展虽然起步于托幼阶段(0—3岁),但可以一直延续到幼儿园阶段(3—6岁)。蒙台梭利的教育体系就十分强调通过各种教具对儿童进行持续的感官教育和智力教育。蒙台梭利指出,感官练习是自我教育的一种,如果多次重复这些练习,将会完善孩子的心理感觉过程。指导老师必须干预并引导孩子从感觉过渡到概念——从具体到抽象,再到概念的整合①。这种感知—动作的训练为后期的逻辑思维能力发展奠定了良好的基础。

---

　　① ［意］蒙台梭利著,龙玫译:《蒙台梭利早期教育法》,杭州:浙江工商大学出版社,2018年。

图1-2-1 儿童使用蒙台梭利教具

图1-2-2 蒙台梭利系列教具

　　除了教具之外,教学者还可以使用一些图像材料进行教育,如从德国引进的《逻辑狗》、从日本引进的久野泰可"365天儿童思维训练",等等。这些图像类思维教育材料让儿童观察和比较的维度主要包括:形态、纹理、动作、状态、路径、位置、大小、多少、远近等。

图 1-2-3　德国《逻辑狗》思维训练题

图 1-2-4　日本久野泰可思维训练题

图 1-2-5　中国百物格思维教具

　　儿童的视觉、听觉、触觉、味觉、嗅觉、动觉等感知能力的发展是动作逻辑的基础。观察越敏锐,比较越细致,思维的品质也就越高。因此,在儿童逻辑思维教育过程中,教育者要为儿童提供经过精心设计、材料丰富多样、难度逐级提升的感知和思维教育场景。

第三章　象征性思维的逻辑

本章内容提要

> 　　儿童前推演阶段又可划分为象征性思维和直觉思维两个阶段。象征性思维的阶段为 2 至 4 岁,相当于幼儿园小班到中班;直觉思维的阶段从 4 岁到七八岁,相当于中班到大班并延伸到初小。
>
> 　　象征性思维的特征是相似性,基于相似性的推理是类推——初始的类比推理。

第一节　象征性思维

　　儿童"感知—运动"阶段的终末大约 2 岁,从此进入学前期(此前称为先学前期),同时在认知发展上也开始经历第二个飞跃期,可以进入幼儿园接受老师的系统教育了。就儿童逻辑思维发展状况来说,他们已从动作逻辑进入前推演的逻辑,当然还属于前逻辑时期。

具体说来,儿童前推演时期可以划分为象征性思维和直觉思维两个阶段:前者 2 至 4 岁,相当于幼儿园小班到中班;后者从 4 岁到七八岁,相当于幼儿园中班到大班并延伸到初小。

心理学研究表明,一岁半至两岁的儿童各种动作逐渐内化,在头脑中形成各种表象,并根据这些表象进行思维,典型地表现为象征性思维(既可以是表象思维,也可以是言语思维)。

什么是象征性思维?皮亚杰说,象征性思维是用不同于"被指称物"的"指称物"作为中介来表现现实的一种思维方式,其指称物与被指称物之间总是具有某种相似性的联系,这"相似性"就是象征性思维的本质特征。从符号学的角度看,儿童象征性思维的过程就是以物体和图像为符号形式的符号化过程。而从认知科学的角度看,这种基于相似性的象征性思维就是一种隐喻认知过程。认知语言学家莱考夫和约翰逊指出,隐喻就是用已知的、熟悉的、具体的东西来理解未知的、陌生的、抽象的东西[1]。大量的研究已经表明,3—6 岁儿童已经具备了使用隐喻的能力[2]。

比如儿童用几块小石头来给大家分"糖"吃,分到"糖"的人都高兴地"吃"着,发出"啵啵"的吃糖的声音——这是我们最常见的一种儿童游戏。在这里,小石头就是指称物,糖是被指称物,用小石头"指

---

① [美]莱考夫、约翰逊著,何文忠译:《我们赖以生存的隐喻》,杭州:浙江大学出版社,2015 年。
② 董文明:《3—6 岁儿童的隐喻认知及其教育应用研究》,浙江大学博士学位论文,2014 年。

称"糖,也可以通俗地说成"代表"或"表示"糖。为什么儿童会用小石头来"指称"糖呢?这是因为小石头在外形上和糖果具有相似性。这指称物小石头只是糖和人们吃糖这件假想的事情的"中介",没有这个中介,人们就吃不成"糖"了。这个游戏就是儿童象征性思维的表现,用小石头来"指称"糖,实际上就是用小石头来"象征"糖,这里的"指称"即是象征。

在儿童游戏中,这种包含隐喻认知的象征性思维随处可见。哲学家杜威敏锐地意识到儿童隐喻化游戏的重要意义,并用了大量的篇幅进行了讨论:"当某些事物变成了符号,而能够代替别的事物的时候,游戏就从简单的身体上的精力充沛的活动转变为有心智的因素的活动了。人们可以看到,一个小女孩把玩具娃娃弄坏了,就用这一玩具的腿来做各种各样的玩耍,诸如为它洗刷,把它放在床上以及爱抚它,等等。这时她是像往常一样,把玩具娃娃的腿当作整个玩具娃娃来做游戏的,因而部分代表了整体;她不仅对当前的感觉刺激作出反应,而且对所感觉的物体的暗示意义作出了反应。因此,孩子常把一块石头当作桌子,把树叶当作盘子,把椰果当作被子。对待他们的玩具娃娃、小火车、积木和其他的一些玩具也是如此。在摆弄这些玩具的时候,他们不是生活于物质环境之中,既有自然的意义,也有社会的意义。所以当孩子在玩小马玩具,做开设商店、造房或走访游戏的时候,总是使物质事物附属于所代表的观念上的象征事物。"[1]

---

[1] [美]约翰·杜威著,伍中友译:《我们如何思维》,北京:新华出版社,2010年,第132—133页。

丰子恺先生在《谈自己的画》一文中写道："我家没有一个好凳子,不是断了脚的,就是擦了漆的。它们当凳子给我们坐的时候少,当游戏工具给孩子们用的时候多。在孩子们的眼中,这种工具的用处真真广大:请酒时可以当桌子用,搭棚棚时可以当墙壁用,做客人时可以当船用,开火车时,可以当车站用。"一张小小的凳子,既可以是桌子,是墙壁,是船,也可以是车站,那是因为儿童在不同的游戏活动中,用同一个物件建构的是不同的隐喻脚本,而这些隐喻脚本反过来又重新塑造了儿童对客观世界的观察和感知。这不禁让我们想起钱锺书先生在《管锥编》中谈论比喻时说的一句话:"是雨亦无奇,如雨乃可乐!"儿童也正是通过隐喻认知完成了对周围世界"似是而非"的重构,才使他们能够乐在其中。

实例添加

儿童在"骑竹马"游戏中,小竹竿为指称物,骏马为被指称物,竹竿指称骏马,亦即以竹竿象征骏马。

儿童用一只香蕉当话筒给妈妈打电话,香蕉为指称物,电话为被指称物,香蕉指称电话话筒,亦即以香蕉象征电话话筒。

儿童叠一只纸船,放进一个盛水的小盆里,用手推动纸船前进。纸船为指称物,航船为被指称物,纸船指称航船,亦即以纸船象征航船。

儿童的象征性思维由于刚刚脱离"感知—运动"阶段,所以在思维中仍然含有许多"感知—运动"图式的成分,这些图式是以表象的形式存在于思维之中,亦即表象思维。所谓象征性思维就是儿童思维中把某一事物的表象根据相似性转换为另一事物。这"某一事物"即指称物,"另一事物"就是被指称物。所谓"中介"就是通过指称物在大脑中"再现"被指称物的形象以及它所传达的意义。这个过程就是象征性思维的过程。

儿童象征性思维对于"感知—运动"行为是一种全新的能力。因此,一岁半或两岁至四岁年龄段儿童的逻辑思维训练,其主要内容就是象征性思维及其推理。

问题与思考

皮亚杰说儿童象征性思维是以相似性为特征的,而符号学中说的"象征符号"恰恰不具有相似性,比如国旗象征国家,而国旗与国家并没有相似性。那么这是怎么一回事呢?

对此,我们不妨作这样的理解:所谓"象征",即 symbol,由于在符号活动中 symbol 的应用最为广泛,人们往往把 symbols 直接说成"符号"(sign)。皮亚杰所说的"象征性思维"确实指的是一种符号,因为"被指称物""指称物"和"中介"都是符号学的术语,符号正是通过指称物的"中介"来认知被指称物的。皮亚杰的 symbol 用意在于强调儿童这一时期思维的符号性,或者说就是 sign 的同义语。

在符号学家皮尔斯那里,以相似性为特征的符号称为"图像符号"(icon)。皮亚杰所说的"象征性思维",如果理解为"表象性思维",亦大致不差(理解为"图式性""图像性"也未尝不可)。

名言·格言

人是符号的动物。——卡西尔

第二节 模仿——儿童的象征性游戏

象征性思维来源于婴幼儿的模仿。在"感知—运动"时期,模仿只是"感知—运动"图式的一种协调方式。当婴幼儿在动作中感知到一个相似的动作时,就把相似动作协调到自己的行为中,激发一个相似的图式。随着儿童思维的产生,这种相似性的模仿就演化为象征性思维。

模仿是儿童的天赋,婴儿出生不久,就开始模仿大人,发出"咿咿呀呀"的声音和微笑的表情。稍长,儿童的模仿更是涉及方方面面:

从大人的话语到说话语气、手势、态度、气质；从人物到动物，喵喵叫的猫、汪汪叫的狗、嘎嘎叫的鸭、咯咯叫的鸡，无不是儿童模仿的对象。儿童的世界是模仿的世界。

模仿是儿童重复原型所显示的一种行为。在"感知—运动"阶段，儿童使用各种简单的模仿形式，最初对着一个原型再现出动作，过一段时间，他们在没有原型的情况下能够模仿简单的动作；大约18个月时，儿童已经能够不面对原型就能模仿复杂的动作。比如儿童模仿妈妈洗衣服的动作、爸爸发脾气的神态、司机开车的姿势，以及人们打手机的表情等，这些动作都是原型的"过去时"而不是"现在时"。这在心理学上叫作"延迟模仿"。

模仿是学习之母，没有模仿就没有学习，任何科学、艺术、技能、风格的形成和发展，都有它最初的范本和源头。模仿更是儿童基本的学习方式，没有模仿就没有儿童的学习。在婴幼儿的成长过程中，模仿是他们最初认识世界的手段，也是他们掌握实际生活知识的基本形式。

对于2至4岁这个年龄段儿童的逻辑思维训练，主要是教儿童模仿，以提高他们的象征性思维及其推理的能力。

拓展阅读

模仿是动物界共有的，鹦鹉学舌和动物杂技团的表演都是典型的例子。但是人类的模仿能力远远超出其他动物，这是人类长期进化的结果。

儿童象征性思维阶段的模仿学习方式，主要是象征性游戏。比如儿童模仿自己睡觉的样子（装睡），给玩具熊盖上被子，叫玩具熊闭上眼睛，并拍它入睡。在这些游戏中使得某个事物（指称物）根据相似性成为别的事物（被指称物）在儿童头脑中的象征，比如使玩具熊成为小熊的象征，让装睡的形态成为自己睡觉的象征，如此等等。

儿童游戏是儿童为了寻找快乐而自行设计或自愿参与的一种活动。游戏能使幼儿感到好玩、开心、有趣，并以此为目的主动投身其中。在游戏中，儿童通过模仿和想象，扮演角色和使用玩具，象征性地反映现实生活，同时学到了许多自然和社会知识，提高了逻辑推理能力。游戏的过程是快乐的，而学到的知识又能让儿童感到快乐，这就是"快乐学习，学习快乐"的最佳状态。因此，儿童这个年龄段最喜欢的象征游戏是儿童最好的学习方式。

名言·格言

玩耍是儿童的第一天性，教会儿童学习的最佳方式就是跟儿童一道玩耍。

儿童象征性游戏主要包括以下一些形式：

随机性游戏

随机性游戏可以用任何东西来象征任何别的东西，随机而又愉快地重复进行。比如儿童用自己的一只小鞋当作话筒假装打电话，随后又用它象征小船驶向大海。

生活类游戏

比如"过家家"就是最常见、最典型的儿童生活类游戏，特别是女孩子往往乐此不疲。"过家家"可以一个人随机玩耍，也可以由几个人分工，比如主角负责烹调，其他人则充当食客或者餐厅服务员。"老鹰抓小鸡""藏猫猫"也是儿童们喜爱的传统生活类游戏。

构造类游戏

搭积木是儿童最为喜爱的一种构造游戏。儿童用积木来建造房子、城堡、宝塔、动物园等建筑物和场景，建造飞机、汽车、桌椅、花篮、足球等物品，以及长颈鹿、大象等动物形象。这是幼儿园中深受小朋友喜爱的活动①。其他如堆沙游戏，冬天的堆雪人游戏，也属于构造类游戏。

棋类游戏

棋类是具有最明显逻辑意义的一种象征性游戏。如五子棋、中国象棋、国际象棋、围棋、军棋等，下棋的每一步骤都是推理。棋类是成人喜爱的一种游戏，也为儿童所喜爱，引导儿童学习下棋不失为儿童逻辑思维训练的重要方式之一。

---

① 唐毅、张虹主编：《小木玩　大世界："云和木玩游戏"课程改革实践探索》，杭州：浙江教育出版社，2022年，第89—105页。

拓展阅读

下棋在古代称作"弈",应用一种彼此互动的推理,当代称之为"博弈"。实际上我们与他人相处总在"博弈"之中,下棋这种"博弈"推理属于目前尚有较大研究空间的动态逻辑。

电子游戏

电子游戏是操纵计算机进行的一种象征性游戏,包括单机游戏、网络游戏、电视游戏、街机游戏、便携游戏和电子竞技等。电子游戏具有人与机器之间的互动关系和对现实世界的模仿性,由于现代科技带来的较强的娱乐性,电子游戏深为儿童所喜爱,但要严格控制游戏时间,以防儿童沉迷。

附　言

儿童喜爱电子游戏,但是如果沉迷于电子游戏,则对身心健康有害。家长们应当合理安排儿童玩电子游戏的时间。

纸质益智游戏

包括童话、儿童小百科、找不同、走迷宫和数字游戏等。这里需要特别说到"逻辑狗"思维训练游戏(logico)和久野泰可儿童思维训练游戏。它们是儿童教育专家们开发的思维训练学具,通过学习卡片与教具相结合的方式使孩子在快乐的游戏中开发思维能力和学习能力。

艺术型模仿游戏

儿童学习唱歌跳舞,也是游戏,他们模仿家长、老师乃至电视的歌咏或动作,学会了一首首歌曲和一支支舞蹈。及至幼儿园中班或大班,儿童们可以在老师的示范下排练基于绘本的儿童剧。里面的舞蹈、音乐或戏剧再现了生活中的某些图式,儿童通过学习进一步发展了象征性思维,同时也提高了美的欣赏能力。

儿童绘画或即兴表演会再现曾经看到的东西,属于延迟模仿。延迟模仿表明儿童已经由动作再现进步到思维再现,标志着儿童思维由"动作逻辑"向"前推演"阶段过渡。

儿童的象征性游戏可以分为有规则和无规则两种。无规则象征性游戏最能体现儿童的想象力和创造力。儿童们可以用它来使现实服从于自己的愿望,再现他们的喜悦。比如儿童在白天害怕一只大狗,而在晚间的游戏中他就想象自己比较勇敢,或者大狗对他友好,再现了他的喜悦。搭积木游戏更能够充分发挥他们的创造能力,比如用积木搭造能够起落的吊桥、能够上下左右移动的高射炮,还可以编制电脑程序,创造出诸如会飞的小鸟、会咬人的鳄鱼等。钟爱这类游戏的儿童,不排除未来成为发明家的可能。而有规则的象征游戏除训练儿童逻辑思维能力以外,还可以用游戏的形式模仿社会生活,为儿童提供一种适应社会生活的方法。

拓展阅读

> 　　儿童按照自己的想象来改造现实以满足自己的需要,此时不是儿童用原有的图式顺应现实,而是把现实同化于自我。例如儿童骑竹马,凭其想象既可把自己看作是一个骑手在赛马,也可想象自己是骑兵在追击敌人。
>
> 　　儿童的象征性游戏形式的发展,存在一定的顺序:从模仿性游戏到角色游戏和规则游戏,继而发展到表演游戏和幻想游戏,最后向学龄期所特有的竞赛游戏过渡。

　　儿童象征性思维阶段的逻辑,情感重于理性。棋类的推理和游戏的选择判断固然属于理性逻辑,但就整体而言,更多地表现为饱含情感的逻辑。孩子的推理往往重情感而忽略证据,天真烂漫,所以说是"孩子气"。情感的发生需要某种象征现实的因素,松散的联系决定思维的流向,一个物体象征另一个物体,一种感受替代另一种感受,一切皆有可能。情感世界就像一幅全息图像,一个单独的部分可以触动整体。尽管理性心理在原因和结果之间建立起逻辑的联系,但情感心理却是任意的,它把仅仅有着相似性的事物联系起来。情感作为儿童认知的重要组成部分,千万不要被排除在"逻辑"之外,因为它同儿童逻辑思维的发展紧密相连。

皮亚杰强调"任何知识都发源于动作","知识总是与动作和运算联系在一起的"。儿童的象征性思维体现了一种主体动作协调的经验——"逻辑—数学"的经验。这样就让我们更加清楚地理解了逻辑的起源及其发展脉络。

教学提示

　　象征性游戏本来就是幼儿园教学的重要内容,也是家庭教育中的随机方式。然而大多数教育者——老师或者家长并非有意识地把象征性游戏作为这一年龄段儿童逻辑思维训练的主要形式。因此我们认为,儿童教育者应当把"自发"转换为"自觉",有计划地实施象征性思维的逻辑训练。

第三节　类推——儿童的相似性推理

　　皮亚杰把儿童智力发展的象征性思维阶段又称为概念前智慧时期。从"概念前智慧"这一意义上说,其特点是具有概念前观念,以及通过"类推"进行各种最初形式的理性智力推理。

　　什么是概念前观念?"概念前观念是儿童附加在他学习使用的最初言语符号上面的观念","它们处在概念的概括性与概念所由构

成的各成分的个别特性这两者之间的半路上"①。我们可以这样地
理解：概念前观念是处在"感知—运动"性图式和概念之间的"半路
上"的一种图式。处在概念前思维时期的儿童虽然懂得一些分类的
知识，但是还没有"类"的概念，不懂得它们为什么构成了类。比如他
们知道谁是谁的爸爸妈妈，但是弄不清"爸爸""妈妈"是什么意思，
为什么是他们的爸爸妈妈而不是别人的爸爸妈妈。他们也弄不清楚
类与类、类与个体之间有些什么区别，比如有的孩子把松鼠说成猫，
有的把老虎当成大猫；他们搞不清天天见到的太阳是同一个个体还
是一个类中的一个个个体，当然更搞不清那弯弯的月亮和圆圆的月
亮是不是同一个月亮。总之，对于孩子们来说，这些只不过是一些从
"感知—运动"性图式到概念之间"半路上"的一种图式，名之曰"概
念前观念"或"前概念"。

值得注意的是，儿童们把一些概念前观念联系起来就构成了最
初的相似性逻辑推理，叫作"类推"或类比推理——一种通过相似性
的联想，亦即直接类比来实现的推理。儿童们用这种基于相似性的
推理让他们取得认知上一次次的成功，比如通过自己家的猫认知邻
居家的猫是猫，通过现实的猫认知图画上的猫或者相反，通过画书上
的大象认知动物园里的大象，如此等等。这些成功"因为它仅仅是由
思维中被象征化了的一连串动作所组成，是由真正的'内心实验'，即
由对动作及其结果的'内心模仿'所组成"，具有"把动作移到思维中

---

① ［瑞士］皮亚杰著，洪宝林译：《智慧心理学》，北京：中国社会科学出版社，
1992 年，第 130 页。

的象征性质或想象性质"①。

当然由于这种推理方法过于简单,难免会犯"逻辑错误"。比如 3 岁小姑娘贝蒂很熟悉邻居家的猫,有一次遇到一只小松鼠,她看到这只小动物毛茸茸的,长着长尾巴,会爬树,因此联想到猫,觉得它们很相似,于是把小松鼠认成了猫。小贝蒂仅仅根据某些相似性就推出小松鼠是"猫",显然是错误的,说明她还没有真正掌握"猫"的概念,只是一种"概念前观念"。小姑娘吟吟把老虎说成"大猫",同样基于相似性的类推,虽然有些道理,但老虎毕竟不是"猫之大者"。

儿童类推或类比推理公式可以写成:

A 相似于 B,所以 A 是 B

意思是说,事物 A 和事物 B 很相似,所以 A 也是 B。

儿童的类推固然存在明显的局限性,但是作为教育者来说,还是应当鼓励乃至训练他们积极地进行这样的推理,锻炼和发展他们的记忆和联想能力,同时引导他们进一步观察和思考,从而提高自己的认知水平。例如小姑娘贝蒂又一次见到那只小松鼠,发现小松鼠用后腿站立着,经过短暂的困惑后,她感到"猫"这个类别已经不适用于

---

① [瑞士]皮亚杰著,洪宝林译:《智慧心理学》,北京:中国社会科学出版社,1992 年,第 131 页。

这个小动物了。妈妈及时地告诉她这个小动物的正确名称叫"松鼠",于是贝蒂对于"猫"这个前概念的理解前进一步,同时增添了"松鼠"的概念。

类推,这种最初的理性推理算不算"推理"？这要看如何定义"推理"。数理逻辑所说的推理都是"必然为真"的,从这个意义上说,类推不能算是推理,因为它的结论只是可能为真而不是必然为真,何况儿童的类推只是基于"不完全的吻合",更具有明显的局限性。然而就人们的日常思维来说,类推也是一种推理,尽管它的结论是或然而非必然的。因为一个必然性推理必须具备两个条件:一是内容真实而且充分,二是推理形式正确无误,而在日常推理中很难同时满足这两个条件,因而绝大多数的推理都是可能为真而不是必然为真的。从这个意义上说,类推或"类比推理"可以看作一种可能为真的推理。至于儿童的类推,作为最初的"理性"推理形式,表现为逻辑推理的萌芽状态,是一种从"感知—运动"图式到概念之间"半路上"的推理。

问题与思考

这一公式并非传统逻辑所说的类比推理公式,那么这里所说的"类推"算是类比推理吗？应当算是,因为儿童在象征性思维阶段基于相似性的类推只能这么简单,算是类比推理的最初形态。

第四节　整合——儿童的创造力培养[①]

在儿童的象征性游戏、模仿、类推等活动中,我们可以看到儿童惊人的创造力。在未来社会中,创造力将会变得越来越重要。因此,如何从小培养儿童的创造力是老师和家长们普遍关心的问题。在儿童象征性思维快速发展中,创造力也可以借机得到很好的培养。

概念整合是创造性活动中普遍存在的一种认知机制,指的是将两个输入空间(Input Space)通过跨空间映现和选择性投射,形成一个全新的、动态的复合空间(Blended Space)的过程[②]。很多日常语

输入空间1　　　　　　　输入空间2

图 1-3-1　词语触发了两个不同的"输入空间"

---

① 徐慈华、唐毅:《概念整合视角下儿童创造力的培养》,《上海托幼》,2020 年第 11 期。

② *The Way We Think: Conceptual Blending and The Mind's Hidden Complexities*, by Fauconnier, G. & Turner, M., Basic Books, 2002.

言的理解就包含了概念整合过程。比如说,我们在理解"我们要成为会跳迪斯科的恐龙"这句话时,会启动一个概念整合的过程。首先是"跳迪斯科"和"恐龙"两个词,在人脑中分别形成两个心理空间。这两个空间用概念整合理论的术语来说,就是两个输入空间。输入空间1就是"跳迪斯科",输入空间2是"恐龙"。

两个输入空间在短语"会跳迪斯科的恐龙"的影响下,通过选择性投射建立了一个新的空间,即复合空间。

图 1-3-2　复合空间"会跳迪斯科的恐龙"的构建

复合空间里一般会进行三种不同的认知操作。首先是"组合"(composition),就是将输入空间中投射到复合空间的各个要素组合起来,并建立各个独立的输入空间所没有的关系。上例中,舞厅里跳迪斯科的动作和恐龙的形象组合在了一起。其次是"完善"(perfecting),就是通过激活大量的背景概念结构和知识,使组合起来的结构在其他认知结构的支持下得到完善。迪斯科舞厅里的灯光、音乐、人群发出的声音,都可能会被补充进来。这个过程往往是在无意识的情况下完成的。最后是"精演"(elaboration),就是根据复合空间中的原则和逻辑,通过心理想象模拟,使复合空间得到进一步的发展。比如说,恐龙一边跳迪斯科,一边还甩着头、唱着歌。通过这一系列的认知操作,在复合空间中,实际上就形成了一个全新的突显结构:体型庞大的恐龙灵活地跳起了迪斯科。这个结构传递了一个新的意义:庞大而灵活。这是任何一个输入空间都没有的。也就是说,通过概念整合产生了新的意义。

作为一种基本的心理演算,概念整合是我们日常语言理解中一个非常重要的认知机制。这种机制的核心是不同认知要素之间的重构和重组,而这也正是创新思维的秘密所在。在设计领域,我们可以发现大量的产品设计都是通过概念整合来实现创新的。比如,左面这款设计。

这是一个与方糖有关的创意设计。从整合的角度看,它就是通过概念整合"方糖"和"拼图"两个输入空间得到的全新创意。

图 1 - 3 - 3 创意产品"拼图方糖"

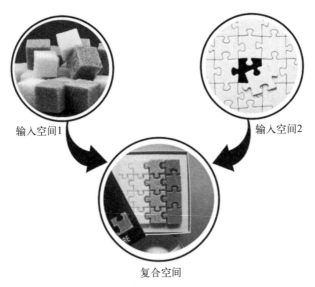

输入空间1 输入空间2

复合空间

图1-3-4 复合空间"拼图方糖"的构建

在人类发明史上,我们还可以看到大量发明的背后都有概念整合的影子。15世纪,德国人古登堡发明铅活字印刷机,是通过引入钱币中的面值组合和制酒中的压榨机模式,解决了铅印数量过多和印制压力不均匀的问题。福特汽车制造流水线的发明则整合了芝加哥生猪屠宰场的运行模式,大大提高了生产效率。电脑视窗操作界面的设计整合了办公桌的概念。如此等等,举不胜举。正所谓,任何东西之中,都可以看到旧东西的影子。也就是说,我们的很多新东西是通过整合旧东西得到的。

在创造力测试领域,有个很有名的托兰斯创造性思维测验(Torrance Test of Creative Thinking,TTCT)。该测验由美国学者埃利斯·保罗·托兰斯(Ellis Paul Torrance)提出,具有良好的信效度,被翻译成三十余种语言,运用于两千余项研究,是目前应用最广泛的创造力测验。

托兰斯测试分为三套,共有 12 组测试。其中,"TTCT -图形测试"由 3 个项目组成,每个项目要求在 10 分钟内完成。它们分别是:1. 图形构建,要求被试在已有的奇怪图形基础上完成绘画;2. 图形补画,该测验会呈现给被试 10 个不完整图形,要求被试利用这些图形构建事物或图画;3. 封闭图形再创造,要求被试在封闭图形(圆圈或线条)的基础上完成绘画①。下面我们来看一下 TTCT -图形测试的两个案例。

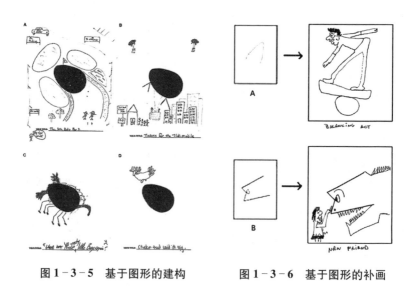

图 1-3-5　基于图形的建构　　图 1-3-6　基于图形的补画

---

① 衣新发、于尧、王冰洁、鲍文慧、敖选鹏:《托兰斯及其创造力的测量与教学研究》,《贵州民族大学学报(哲学社会科学版)》,2019 年第 4 期。

从概念整合理论角度看,图中这些有创造力的作品也都是通过概念整合来完成的。测试题目中给出的图形就是输入空间1,由这个输入空间1通过相似联想,激活输入空间2(有多种可能性),再由输入空间1和输入空间2通过投射、组合、精演等认知操作共同建构出复合空间。儿童在测试中完成的作品,就是复合空间的具体呈现。从这一点上看,我们可以说,通过在特定条件下触发概念整合产生有创意的作品是托兰斯测试的重点所在。

在一些基于托兰斯测试的创意练习中,我们也都可以明显地看到概念整合的影子。比如说图1-3-7,教师提供一排排紧挨着的两个圆圈,让小朋友基于两个圆圈画画,而且要求圆圈要成为所画的图形的一部分。

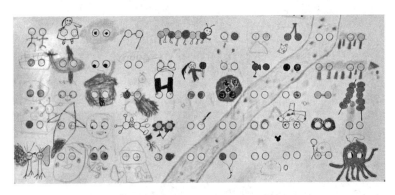

图1-3-7 幼儿基于托兰斯测试的创意练习

从一定意义上看,创意练习的核心同样也是基于概念整合。我们在分析儿童创造性活动中,要重点分析这些活动是如何触发概念整合的,能够触发哪些概念整合,从而思考我们应该如何引导儿童开展更为有效的概念整合。

基于对大量游戏案例的分析，我们认为，儿童游戏中的概念整合可以分出两种不同的类型。

一种是基于相似性的触发和整合。

儿童先对游戏材料进行观察和操作，在充分了解材料及材料的组合所具有的各种属性之后，再以这些材料为"输入空间1"，通过基于相似性的联想引入"输入空间2"。托兰斯测试中的很多题目就属于这种类型。

图1-3-8　杭州蓓蕾幼儿园小朋友基于石头的创意游戏

小朋友观察到有些石头像鱼的身体,有些像乌龟的壳,有些组合很像太阳。这些就是相似联想,引入了新的输入空间。在构建复合空间的过程中,小朋友会根据自己想象的场景,不断改造现实世界中的东西。

图1-3-9中,小朋友们在树下玩耍时,看到黄色的落叶,说这是"黄鱼鲞"(用黄鱼晒成的鱼干,在当地非常常见),于是激发了晒黄鱼鲞、运黄鱼鲞、烧黄鱼鲞等游戏活动。这里的落叶就是"输入空间1",黄鱼鲞是"输入空间2",儿童在游戏中的实物操作、语言交流和认知活动就构成了一个复合空间。教师提供道具,如锅、铲、篮子、围裙等,提升了复合空间的精细度和沉浸感。

图1-3-9　象山县海韵幼儿园小朋友基于树叶的创意游戏

儿童使用卡普乐积木及辅助配件进行自由建构。毛毛与涵涵(中班)拿来了各色卡普乐,毛毛说:"我们来搭建一座长桥吧!"于是他们将不同颜色的卡普乐拼接在一起,形成了一座他们心目中的七彩长桥。这时睿睿(中班)说:"桥旁边应该有一座凉亭吧!"于是他

图1-3-10 云和县实验幼儿园小朋友使用卡普乐积木进行自由建构游戏

在七彩桥的接口处,延伸搭出一个平面的"小亭子",中间平铺几块颜色不一的卡普乐,说是亭子里的桌子。珂珂(中班)说:"凉亭的旁边还应该有一块草坪。"于是凉亭旁边一块方方正正的草坪就形成了。这同样也是一个十分常见的游戏场景。如果只看照片,我们看到就只是几个孩子围着一堆木片。但如果我们进入孩子们游戏的世界,哪怕是这样一个常见的场景也包含了丰富的概念整合操作。儿童在使用卡普乐木片建构时,最初的输入空间是几块小木片搭建的"桥",然后由"桥"激发自己已有的关于桥的各种经验,不同的小朋友会根据自己的经验,在相互讨论中对复合空间的内容进行增补和完善,不断引入一个又一个新的要素,并在形成复合空间的同时,不断改造最初的输入空间。

一种是基于随机性的触发和整合。

与基于相似性的触发不同,有些创造力练习的两个输入空间都是随机给出的。例如,根据爱德华·德波诺随机词创新训练原理设计的"扔故事"游戏就属于这一类。该游戏的主要材料是木头骰子,共有12颗,每颗上有6个面,每个面上的图案各不相同。另外,还根据概念整合理论绘制各种可视化提纲,供儿童使用。

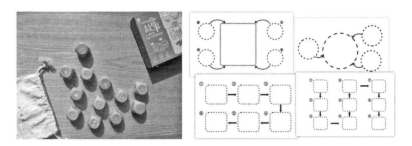

图1-3-11 "一盒故事"骰子及配套可视化提纲

雨雨小朋友(大班)从装有12颗木头骰子的布袋里随机摸出两个木头骰子,扔一下。得到两个朝上的图标。其中一个图标是"星星",另外一个图标是"火山"。雨雨小朋友就用图画组合可视化提纲,将两个图标分别画在左右两个圆圈中。然后,展开想象,将两个图标组合画在中间这个大圆圈中,并创编故事。

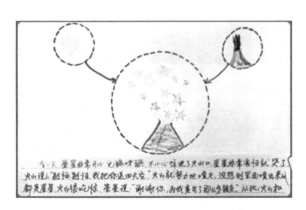

图1-3-12 儿童完成的创意故事图

家长记录的故事内容:有一天,星星非常开心,它跳呀跳,不小心掉进了火山口。星星非常害怕就哭了。火山说:"别怕,别怕,我把你送回天空!"火山就努力地喷火,没想到里面喷出来的都是星星。火山很吃惊。星星说:"谢谢你,为我变出了那么多朋友。"

与基于相似性触发的案例不同,这个游戏的材料经过了有目的的设计,在认知上具有较高的挑战性。概念整合的输入空间,一个是星星,另一个是火山,都是通过骰子随机生成的,两个输入空间之间有时候会存在较大的语义距离,所以如果要建立流畅自然并富有创意的复合空间,需要发挥更强的创造力。小朋友在上例复合空间的建构中还引入了拟人化的手法,展示了很多充满童趣的细节,将两个差别很大的概念有机地联系在了一起。

第四章　直觉推理

本章内容提要

> 直觉思维是儿童前推演阶段中第二阶段——4 岁到七八岁这个年龄段。儿童直觉思维阶段意味着前推演阶段的终结。
>
> 直觉推理是最接近日常推理的前推演。而后的具体推演是在直觉中不断增加理性成分,相对地减少直觉成分。

第一节　直觉思维与直觉推理

皮亚杰研究认为,儿童从 4 到七八岁的智力发展处于直觉思维阶段。在这个阶段,儿童表象性关系逐渐协调,出现了日益发展的概念化过程,从而促使儿童在象征或概念前思维基础上出现了日常的推理的萌芽——直觉推理。直觉推理还属于前推演阶段,往后再发展一步,就进入逻辑意义上的推演了。

名言·格言

> 我相信直觉与灵感,真正可贵的因素是直觉。——爱因斯坦

什么是"直觉"?直觉可以理解为不经过有意识推理而理解事物的能力或行为。直觉是无意识的,但"无意识"不等同于没有意识,如"下意识""潜意识"都属于"无意识"状态。无意识系统是心理分析的深层基础,也是人的本能。

拓展阅读

> 心理学家说,"直觉"有两种类型:一是直观感觉,或称为感性直觉,仅仅是一些感知图式,与直觉推理关系不大;二是人们运用思维直接把握事物本质的直观认识,又称为理智直觉。儿童直觉思维属于理智直觉,是在思维中根据感知直接判断事物情况的认知行为。

那么什么是直觉思维呢?直觉思维是指对一个问题未经逐步分析,仅依据思维者的感知迅速对问题答案作出判断的思维方式。人们的猜想、设想,突然间的"灵感""顿悟",或者对未来事物的"预感""预测"等都属于直觉思维。直觉思维是一种心理现象,它在创造性

活动过程中起着极为重要的作用。心理学研究表明：直觉思维是完全可以有意识加以训练和培养的。

那么,什么又是直觉推理呢? 应用直觉思维的推理就是直觉推理。按照皮亚杰的说法,直觉推理是"半象征性形式思维"。儿童在从"感知—运动"图式走向逻辑推理的漫长道路上,直觉推理已经是前逻辑的最后一程了。

直觉推理的例子如: 实验者准备两个同样形状和大小的玻璃杯,让儿童自己同时用两只手把小珠子逐个地分别放入两个杯子里。玻璃杯装满珠子后,如果把其中一个杯子里的珠子倒进一个高而窄的玻璃杯里,受试的儿童就认为这个高而窄的玻璃杯里的珠子位置变高了,因而珠子变多了。如果再倒入更高更窄的杯子里,儿童又认为杯子里的珠子位置变窄了,因而珠子变少了。受试的儿童凭着直觉,先把注意力集中在高度上,因而歪曲了事实,导致判断错误;当这种歪曲达到极端时就会引起反作用,受试者于是把注意力转向宽度来纠正错误,结果犯了另一个错误。这样的调节就是直觉的调节,这样的思维就是直觉思维,这样的推理过程就是直觉推理。

我们一次又一次提到"推理",现在确实需要具体地说说什么是推理了。因为逻辑就是研究推理的学问,如果不把什么是推理说明白,就很难说清楚什么是逻辑,那又如何对儿童进行逻辑思维训练呢?

教学提示

儿童思维进入直觉推理阶段,意味着前逻辑的终结。前逻辑的推理都是准推理或前推理,所以在进入儿童直觉推理的教学时有必要重新认知一下"推理"的含义。

那么到底什么是推理呢? 推理是一个认知过程,具体说来,就是从已知推出新知的过程。推理是由前提和结论两个部分构成的,前提为已知,结论为新知。推理的基本模式就是:

$$A,\text{所以}B$$

A 是前提,表示已知知识,B 是结论,表示新知识;"所以"表示从前提到结论中间的逻辑联系,而这种逻辑联系可以是必然的,也可以是或然亦即可能的。

数理逻辑所说的"逻辑联系"都具有必然性,而日常推理则多是或然或可能的。幼儿时期的推理属于前逻辑,自然很难有必然为真的推理,在很多情况下都是或然或可能为真的推理。皮亚杰所说的逻辑推理是指数理逻辑意义上的推理,但他也说到儿童的类比推理和直觉推理,这自然是在"或然"意义上所说的推理。

儿童前逻辑时期的推理也有"前提—结论"的结构。类比推理的"A 相似 B,所以 A 是 B"模式中,"A 相似 B"是前提,"A 是 B"为结论,中间的"所以"表示相似性的逻辑联系。由于儿童类推(类比推理)的逻辑联系误差较大,所以儿童常犯推理错误。儿童的直觉推理也具有"前提—结论"的结构,同样由于"所以"的联系缺乏逻辑性,因而常犯逻辑错误。

前面说到的"小珠子"实验,儿童的每一次推断都是直觉推理。受试儿童几次推理都推出结论说,珠子数量变了,虽然他们明知并未拿走或增加任何珠子。对于高而窄的玻璃杯,他们说"小珠子比先前多了",因为"杯子里的珠子高了";或者说"珠子比先前少了",因为"杯子里的珠子窄了"。总之,珠子的数量变了。这里的"因为"是推断的理由,亦即前提,另一句话是对珠子数量增减的判断,就是"所以"推出的结论。值得注意的是,在话语中推理可以省略"因为"或者省略"所以",甚至将"因为""所以"一起省略。

由于儿童的"小珠子"推理都是仅凭直觉得出结论的,他们没有想到自己并没有拿走或增加任何珠子,以致推出错误的结论,但并不因此就说直觉推理的结论都是错误的。事实上,儿童直觉推理的成功率还是非常之高的。比如他们看电视,能够根据直觉推断哪个是好人哪个是坏人,根据菜肴的色香味推断哪个好吃、哪个不好吃,或者根据大人们的脸色推断他们高兴还是不高兴,并且根据大人的情绪决定自己的某些行为。如此等等。4 到七八岁的儿童们正是凭借直觉推理获得了关于外部世界许许多多的知识。因此,无论幼儿园老师还是家长在教学或日常对话中都应当积极地引导孩子进行直觉推理,我们会因此发现那些充满童稚的推理往往体现了出人意料的智慧。

第二节　直觉推理的类型

　　人们的日常推理有三类：类比推理、归纳推理和演绎推理。进入直觉思维阶段的儿童也已经有了这三种推理类型，虽然只是直觉的。它们是：直觉类比推理、直觉归纳推理和直觉演绎推理。下面分别进行一些讨论。

教学提示

　　在儿童直觉思维阶段，下面的符号公式不必教给孩子，只须训练他们学会运用推理就可以了。

1. 直觉类比推理

　　类比推理是基于相似性的推理。儿童早在象征性思维时期就有了类推，即类比推理。小姑娘贝蒂"松鼠是猫"的类比推理，虽然当时还只是象征性思维，但已经具有明显的直觉成分。到了直觉思维阶段，儿童的类比推理更加活跃，而且渐渐趋于成熟。例如，小男孩比尔家里来了一位漂亮的女客人，妈妈说："比尔，你看阿姨多漂亮！还

不快点吻吻阿姨?"比尔说:"不可以,刚才爸爸在走廊上要吻阿姨,被
阿姨打了一耳光。"小比尔的话就是一个根据直觉的类比推理。比尔
的意思是说,我吻阿姨和爸爸吻阿姨是相似的,爸爸挨打,我也会挨
打的。这个类比推理的公式可以写成:

A 相似 B

A 具有某属性

所以,B 具有某属性

这个类比推理公式比儿童象征性思维时期的类推公式要复杂一
些。A 和 B 是具有相似性的两个事物,在比尔的例子里即爸爸吻阿
姨(A)和小比尔吻阿姨(B)两件事情相似,爸爸吻阿姨挨了打,所以
小比尔要吻阿姨也会挨打的。整个公式的意思是说,A 事物与 B 事
物相似,并且 A 事物具有某属性,由此可以推出 B 事物也具有这个
属性。这个公式也可以写成:

A 相似 B,Ai,所以 Bi

i 表示某属性。

至于成年人的类比推理,跟儿童直觉类比推理使用的是同一个
公式,只是含有更多的理性成分。比如加利福尼亚与浙江在地形、土
壤、水文、气候等方面都很相似,浙江适宜种植蜜橘,由此推出:加利

福尼亚也适宜种植蜜橘。后来加利福尼亚果然引种蜜橘成功。这就是成人应用类比推理的一个成功例子，显然属于理性思维而不是仅仅凭着直觉的思维。不过，无论儿童还是成年人的类比推理，其结论都是可能为真而不是必然为真的。

拓展阅读

有一个电影故事说，水师提督的儿子宾少爷的狗咬了肉贩子，肉贩子将狗打跑，结果宾少爷要求肉贩子赔偿他 300 两银子。有一个叫宋世杰的人则让自己的仆人咬了宾少爷，被宾少爷打跑。宋世杰要求宾少爷赔自己 1 000 两银子。宋世杰应用的就是类比推理，他把一个不容易讲清楚的道理转换为浅显明白的道理。宋世杰用自己的荒谬反驳了宾少爷的荒谬，逻辑上叫作"归谬法"。

2. 直觉归纳推理

归纳推理是从个别推出一般的推理，儿童直觉推理中也有归纳推理。比如小姑娘吟吟，上幼儿园没几天，回到家里向大人们宣布她有一个发现：幼儿园宝宝的妈妈都是女的，爸爸都是男的。吟吟凭着直觉，根据就是她所看到来幼儿园接孩子的家长们，形式上是一个归纳推理，所以是直觉归纳推理。"所有宝宝的妈妈都是女的"，吟吟是按照下面的公式推出的：

A_1 是 B

A_2 是 B

...

A_n 是 B

A_{1-n} 都是 A

所以，所有 A 是 B

公式里的 A_1 至 A_n 表示幼儿园一个个宝宝的妈妈，B 表示女性，结论推出所有宝宝的妈妈都是女的。"幼儿园宝宝的爸爸都是男的"也是这样推出的。归纳推理的公式也可以写成：

N 个 A 是 B，所以，所有 A 是 B

N 表示任意一个数，也就是 A_1 至 A_n。

小姑娘吟吟的推理既然属于直觉归纳推理，但是按照皮亚杰的理论，儿童 4 到七八岁为直觉思维阶段，可是吟吟初上幼儿园，应当属于象征性思维时期，但上述推理却是典型的直觉归纳推理，而且是个正确的推理。吟吟的这个直觉归纳推理很典型，它说明了儿童的推理与智力年龄段的关系只具有相对的意义，不必把这个划分绝对化。

拓展阅读

　　归纳推理的用途极为广泛,从日常生活到科学发现中均有体现。比如你在路边看到有人卖杨梅,你尝了第一颗杨梅是甜的,第二颗、第三颗也是甜的,你推断这个人卖的杨梅都是甜的,于是买了一些杨梅。这是日常生活中的归纳推理。而四色定理、哥德巴赫猜想等,则是科学发现中的归纳推理。

　　归纳推理还有一个重要作用:为演绎推理提供全称前提。比如"所有金属都能导电,铂是金属,所以铂能导电",这个全称的大前提就是"金能导电、银能导电、铜能导电,所以所有金属都能导电"这个归纳推理提供的。

　　归纳推理也是成年人常用的一种推理类型。归纳推理由于结论超出前提(前提都是个别事物 A 是 B,而结论却推出所有 A 是 B),跟类比推理一样,结论只是可能为真而不是必然为真的。

3. 直觉演绎推理

　　演绎推理说起来比较复杂。按照传统逻辑的解释,演绎推理是由一般推出个别的推理,同归纳推理恰好相反。但是这个说法并不准确,比如演绎"男孩不是女孩,所以女孩不是男孩",就是从一般推出一般。所以现代逻辑不采用这个说法。现代逻辑认为,演绎推理就是前提蕴涵结论的推理。

在演绎推理中,前提与结论的联系是必然的,只要前提为真,按照规则,它的结论必然为真。前提真则结论必然真,是演绎推理跟归纳推理和类比推理的根本区别所在。比如:

晋朝时候,有个七岁的孩子叫王戎,他和小朋友们一道玩耍,看见路边有一棵李树,结了很多李子,那些小朋友都争先恐后地跑过去摘李子,只有王戎没有去。有人问他为什么不去,王戎回答说:"这树长在大路边上,树上还有这么多李子,这一定是苦李子。"孩子们摘来一尝,果然是苦李子。

这就是一个演绎推理。推理公式是:

$$如果\ A\ 那么\ B,非\ B,所以非\ A$$

意思是说:如果路边的李子是甜的,那么早已被人摘光了。这棵李树上的李子没人摘,所以一定不是甜李子,也就是说,一定是苦李子。这是一个"必然为真"的演绎推理。

由于儿童处于直觉思维时期,思维具有不大可靠的直觉特点,他们的演绎推理结论就往往不那么"必然"了。比如前述的"小珠子"推理,受试者是这样推理的:如果杯子里的珠子高了,那么珠子比先前多了,他看到杯子里的珠子高了,所以珠子比先前多了;如果杯子里珠子窄了,那么珠子比先前少了,他看到杯子里的珠子窄了,所以珠子比先前少了。这个"如果,那么"的推理是演绎,同时又是直觉的,所以是直觉演绎推理。由于其中的直觉错误(内容虚假),

导致了推理的结论错误。当然,儿童的演绎推理并非都是错误的,它们在很多情况下都是正确的,比如小孩王戎的那个推理就是正确的演绎推理。

现代逻辑所说的推理只是必然性推理,也就是说只有演绎推理才是现代逻辑意义上的"推理",而且现代逻辑研究的只是演绎推理的形式化。我们这本书中所说的儿童逻辑思维训练,主要是前逻辑和传统逻辑的内容,直到小学高年级才会涉及现代逻辑意义的演绎推理。

教学提示

在日常推理中,类比、归纳和演绎都是常用的推理形式,但由于类比和归纳都是非必然性推理,不能形式化,所以现代逻辑不研究类比推理和归纳推理,只研究演绎推理。

第三节 直觉推理的局限性

直觉推理通常是理性推理的对应物,但不是理性推理的"对立物",因为直觉推理中也含有或多或少的理性思维。直觉推理由于反应快速,也常常为成年人所使用,有时人们也会为自己拥有高明的

"直觉"而感到自豪。心理学家吉仁泽在其著作《直觉:我们为什么无从推理,却能决策》中分析了大量人们通过直觉来做出正确决策的案例,并解释了背后的原因和机制①。直觉推理的成功率与人生经验有关,儿童由于缺乏人生经验,成功率自然低得多。

由于直觉推理中含有直觉成分,即使是直觉演绎推理,也往往只具有或然的性质,即可能为真而不是必然为真。直觉推理的或然性源于直觉思维的局限性,即感性直觉的局限性或理智直觉的局限性。这里主要讨论导致直觉推理错误的两个最重要的直觉差错,即感性直觉中的视觉差错和理智直觉中的认知差错。

感性直觉差错

感性直觉差错包括视觉、听觉、嗅觉、味觉和触觉的直觉差错,其中视觉差错是直觉推理中最常见的感性直觉差错,这里只讨论视觉差错。

所谓"眼见为实",人们通常都相信自己的眼睛,可是眼睛却常常欺骗自己。你如果不信,那么请看下面的图示:

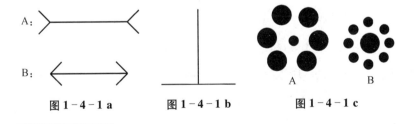

图1-4-1a   图1-4-1b   图1-4-1c

---

① [德]格尔德·吉仁泽著,余莉译:《直觉:我们为什么无从推理,却能决策》,北京:北京联合出版公司,2016年。

图1-4-1a中A和B两条水平线的两端各有朝向不同的箭头，当我们一眼看上去的时候，A线明显地比B线长，但是实际上这两条水平线是等长的。你如果不相信，不妨拿尺子量一量。

图1-4-1b中横竖两条线一样长，但垂直摆放，竖着那条就显得更长。

图1-4-1c中B的中心圆与A的外圈圆都一样大，但B的中心圆会显得更大。

视觉差错往往导致直觉推理错误。比如有两杯冰激凌A和B，A是20克冰激凌，装在容量15克的杯子里，看上去快要溢出来了；B是25克冰激凌，装在容量30克的杯子里，看上去还没有装满。如果你要孩子选择其中一大杯冰激凌，孩子一般都会选择A杯而放弃B杯，这就属于因为视觉差错导致的直觉推理错误。

认知差错

直觉推理中另一常见的错误来自理智直觉，即认知差错。比如那个"小珠子"推理，当儿童得出"珠子少了"或者"珠子多了"的结论时，既有视觉差错，也有认知差错。不难看出，儿童们忽略了一个事实：珠子是他们自己一个个地分别装进两个瓶子里的，没有增加也没有拿走，根据守恒律，怎么会"多了"或者"少了"呢？就是因为少考虑了一个维度，所以出现了认知差错。

人们在思维过程中往往会犯这样或那样的"逻辑错误"，直觉推理中的认知差错就属于逻辑错误。感性直接差错似乎错在直觉，实际上最终还是直觉推理中的思维因素导致结论错误，因此同样属于逻辑错误,而不仅仅只是感官错误。

拓展阅读

"逻辑错误"一般指思维过程中违反逻辑规律、规则而产生的错误。比如概念中的"混淆概念",判断中的"自相矛盾",推理中的"四概念错误""中项两次不周延""误可能为必然""推不出",论证中的"偷换论题""循环论证""诉诸感情",等等。逻辑错误是一种思维陷阱,是逻辑推理中的负能量,它会导致人们在观念、思考以及决策等方面一系列的错误。在儿童逻辑思维训练的过程中要随时告诉儿童相关的逻辑错误,警惕"逻辑错误"的思维陷阱。

直觉推理问题多多,不仅仅是儿童,成年人的直觉推理也常常犯这样那样的错误。然而直觉推理属于快思考,反应快捷,推理效率高,而且颇富创造性。爱因斯坦就说过:"我相信直觉与灵感,真正可贵的因素是直觉。"由于直觉推理往往会出现差错,所以对于"事关重大"的直觉推理还需要用慢思考亦即严谨的理性推理进行论证。这个办法很重要,因为直觉思维与纯理性的逻辑思维相辅相成,既有速度,又具有可靠性,这样就可以保证日常思维有效地进行。

婴幼儿的逻辑思维属于前逻辑时期。具体地说来,就是上述三个阶段:动作逻辑阶段(0岁至2岁)、象征性思维阶段(2岁至

4 岁）、直觉思维阶段（4 岁至七八岁）。在进入直觉思维阶段的中后期，孩子们将迎来逻辑意义上的具体推演期。

教学提示

　　"批判性思维"作为一种思维方式引起越来越多的人的关注，更引起逻辑和教育工作者的兴趣。批判性思维是基于明晰逻辑分析的一种批判性能力和技巧，是一种主动地对隐含于推理和论证中的要素予以审查的思维过程。它要求人们在日常思维和会话中独立思考，不人云亦云；对任何问题都要作细致的逻辑分析，敏锐地识别逻辑错误，敢于质疑和反驳。人们的日常思维好比一张纸，逻辑知识是纸的正面，批判性思维是纸的反面。因此，教育者在训练儿童逻辑思维的过程中，传授逻辑知识的同时也要培养他们的批判性思维能力，帮助他们成为逻辑思维全面发展的人。随着类似 chatGPT 这样的人工智能工具的快速发展，个人的批判性思维能力也变得越来越重要。

第五章　思维可视化

本章内容提要

思维可视化是用图形和图像来记录、组织和表达思考和想法的过程。思维可视化是儿童提高思维能力的天然帮手，同时也是教育者提升思维教育成效的重要工具。

第一节　为什么要思维可视化

在象征性思维和直觉推理发展阶段(4—7岁)，儿童逐步形成了较强的符号使用能力和思维能力，但整体上仍然以具体的事物和图像为主要的思维材料，在处理一些具有挑战性的认知和学习任务时往往表现出全面性不够、深刻性不足、灵活性不高、敏捷性不强等特点。

这种状态在一定程度上是跟儿童思维发展的特定阶段高度关联在一起的。以记忆力为例，研究表明，成年人短时记忆容量是7±2个信息单位(组块),而 7 岁前的儿童尚未达到这一标准。学者洪德厚(1984)发现,幼儿从 3 岁到 7 岁各年龄阶段的短时记忆广度均数分别为 3.91 个组块、5.14 个组块、5.69 个组块、6.10 个组块、6.09 个组块。黄硕(2011)对 3—6 岁幼儿进行的实验研究发现,幼儿短时记忆的容量在 3±2 个组块[①]。此外,儿童在注意力调节方面也尚未达到成熟的程度,在很多思维测试任务中,一旦有干扰,注意力就会出现明显的下降。

那么如何才能让儿童在学习过程中发挥更好地思维能力呢?我们认为,除了进行日常的思维训练外,还可以借助思维可视化来提升。思维可视化可以让儿童运用涂鸦、绘画、线条等图形图像手段来记录、组织和表达自己的思考和想法,可以大大提高儿童的思维能力。其主要的理由如下:

首先,思维可视化可以让看不见的东西看得见。对于幼儿来说,具体的、当下的事物看得见、摸得着,但事物之间的类属关系、因果关系、整体—局部等抽象关系看不见、摸不着。如果儿童无法理解和把握这些关系,那么基于这些关系的高质量思维活动就很难开展,也就无法对自己的所思所想进行反思和交流。而通过思维可视化,让儿童用涂鸦、绘画和线条等手段,运用空间关系将看不见的东西变成看得见的,可以将自己不擅长的抽象思维转变为自己擅长的图形图式化思维。

---

① 转引自林崇德:《发展心理学》,北京:人民教育出版社,2018 年,第 226 页。

幼儿阶段,儿童有能力,并且非常喜欢通过涂涂画画表达自己的想法。现有的幼儿教育体系鼓励 3—4 岁儿童经常涂涂画画、粘粘贴贴,鼓励他们用简单的线条和色彩大体画出自己想画的人或事物。到了 4—6 岁,老师们会鼓励儿童经常使用绘画、捏泥、手工制作等多种方式表现自己的所见所想①。但遗憾的是,多数家长和幼儿园教师仍未充分认识到涂涂画画在儿童思维发展中的重要价值,也未掌握将绘画能力转化为思维可视化能力的必要方法和工具。

其次,思维可视化符合人脑认知的规律。视觉也许是我们学习任何东西的时候可以用到的最佳工具,输入越可视化,该输出就越有可能被认知,也就越易于被回忆起来,这个现象非常普遍,并已经有了自己的专有名称:图优效应(the pictorial superiority effect),简称为 PSE②。人脑非常擅长处理视觉信息,具有很强的"图优效应"。我们知道人脑处理图像的能力很强,但强到什么程度不知道。2008 年,麻省理工学院和杜克大学的几位心理学家在《美国科学院院报》(PNAS)上发了一篇名为《视觉长时记忆对物体细节具有大规模存储能力》③的论文。他们发现,人脑记图的容量很大,而且精度很高。实验中,他们让被试者在 5 个半小时内,连续看完 2 500 张物体图片,

---

① 中华人民共和国教育部:《3—6 岁儿童学习与发展指南》,北京:首都师范大学出版社,2012 年,第 61—63 页。

② [美]约翰·梅迪纳著,杨光、冯立岩译:《让大脑自由》(经典版),杭州:浙江人民出版社,2015 年,第 203 页。

③ Timothy F. Brady, Talia Konkle, George A. Alvarez, Aude Olivia. Visual Long-term Memory Has a Massive Storage Capacity for Object. 2008, details. https://www.pnas.org/doi/10.1073/pnas.0803390105.

然后在三种不同的图片配对条件下测试回忆的准确性。结果发现，准确率都非常高，均在90%左右。2010年，这几位心理学家在国际期刊《心理科学》(*Psychological Science*)上发表了另外一篇名为《场景记忆比你想象的更为细致：分类在视觉长时记忆中的作用》的论文①。在这篇文章中，他们让被试者在5个半小时内，连续看完2 500张场景图片，然后在三种不同的图片配对条件下测试回忆的准确性。实验结果也是惊人的相似。这些实验数据都进一步说明，人脑是一台超级图像处理机。这也在一定程度上印证了佩维奥的双重编码理论对图像记忆优先的解释。因此，我们在学习时需要掌握一些思维可视化的技能和策略，充分利用人脑的这种能力。

最后，思维可视化还有助于促进教学方式优化。家长和教师通过思维可视化工具的使用，一方面可以让儿童很好地理解一些复杂的事物、抽象的概念和关系，另一方面有助于通过有效的示范，帮助儿童更好地掌握和内化一些常用的思维可视化工具。儿童使用思维可视化工具也有助于家长和教师看见儿童思考的过程，进而更好地提供有效的指导。

可喜的是，越来越多的幼儿园教师开始认识到思维可视化的重要性，并在教学活动中开展了大量的卓有成效的思维可视化实践活动②。

---

① Talia Konkle, Timothy F. Brady, George A. Alvarez, Aude Oliva. Scene Memory Is More Detailed Than You Think, *Psychological Science*. 2010(11).
② 金环编:《蓓蕾"玩科学"课程》,杭州:浙江教育出版社,2021年。

图1-5-1　杭州蓓蕾幼教集团思维可视化实践活动

第二节　思维可视化的工具

思维可视化的工具多种多样,常见的主要工具包括:思维导图(Mind Map)[①]、思考地图(Thinking Map)、思考路径(Thinking Routes)、概念图(Concept Map)、图形整理器(Graphic Organizer)、视觉隐喻(Visual Metaphor)、记忆宫殿(Memory Palace)等。这里我们

[①]　参见附录五"章鱼图的绘制方法"。

着重介绍一下与逻辑思维关联度最高的思考地图。

思考地图(Thinking Map),是大卫·海勒(David Hyerle)博士在1988年开发的一种用来进行构建知识、发散思维、提高学习能力的思维可视化工具。此后,思考地图在世界范围内逐步推广开来。思考地图共有八种基本图示工具:

第一种是圆圈图(Circle Map),主要用于定义与描述、头脑风暴,对一个观点展开陈述,根据上下文对主题词进行说明等。使用时,一般把需要说明的事物画或写在中间的小圆里,展开的描述放在外面的大圆里。见图1-5-2:

图1-5-2　圆圈图以及其示例

图1-5-2小朋友对"蝙蝠"展开联想,外面的大圆里包括了病毒、蚊子、蝙蝠侠、蝙蝠车……

第二种是气泡图(Bubble Map),主要用形容词对某个事物的性质和特征进行描述。把需要描述的事物放在中间的圆圈里,外面的圆圈画或写上特征。主要引导孩子使用形容词描述事物特征的能力。见图 1 - 5 - 3：

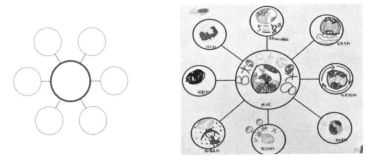

图 1 - 5 - 3   气泡图以及其示例

图 1 - 5 - 3 是小朋友对地球特征的描述，地球是有空气的、五彩斑斓的、会转的、有生命的。

第三种是双气泡图（Double Bubble Map），主要是用来比较和分析两个事物的相同点和不同点的。需要比较的两个事物分别放在两个中心圆圈内，外面单独连接的圆圈展示各自的不同点，中间共同连接的圆圈展示相同点。见图 1 - 5 - 4：

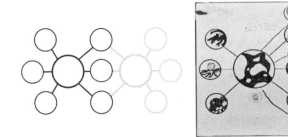

图 1 - 5 - 4   双气泡图以及其示例

　　比如把地球和火星进行比较,中间共同连接的圆圈里,是它们的
共同点:都是圆的,都有空气……而外面圆圈的则是它们的不同点:
表面颜色不同,离太阳距离不同,是否有人类,等等。

　　第四种是树形图(Tree Map),主要是用来分类和分组的。在最
顶端,写下需要分类的事物,下面写下次级分类的类别,依此类推。
见图1-5-5:

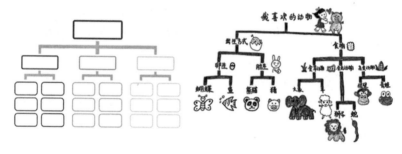

图1-5-5　树形图以及其示例

　　图1-5-5是对"我喜欢的动物"进行二次分类,然后再列举的
一个树形图。我们可以看到,喜欢的动物因为出生方式、食物不同被
分类,然后不同的分类下面又有更具体的分类。

　　第五种是括号图(Brace Map),主要用于分析、理解事物整体与
部分之间的关系,逻辑上称为分解。括号左边是需要分析的事物的
名字或图像,括号里面描述物体的主要组成部分,能够帮助孩子理解
一个物体整体和其各个部分之间的关系。见图1-5-6:

　　图1-5-6画的是磁悬浮列车模型的组成部分,从上到下,它是
由磁铁、橡皮圈、不同的木块等部分组成的。

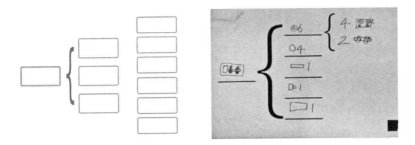

图 1-5-6　括号形图以及其示例

第六种是流程图（Flow Map），主要用来列举顺序、时间过程、步骤等。能够分析一个事件发展过程之间的关系，解释事件发生的顺序。大方框写下每一过程，下面小方框内可以写下每个过程的子过程。见图 1-5-7：

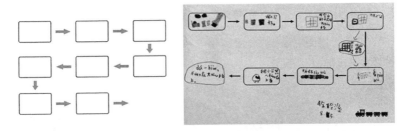

图 1-5-7　流程图以及其示例

图 1-5-7 小朋友画的是如何玩章鱼侠机器人，将它从零件组装到机器人的这一过程用流程图呈现出来。

第七种是多重流程图（Multi-Flow Map），主要是用来展示和分析因果关系的。在中心方框里面是要分析的事件，左边是事件产生的原因，右边是事件的结果。这是一个先后顺序的过程，可以帮助儿

童进行从果到因的分析,也可以帮助儿童开展从因到果的分析。见图1-5-8:

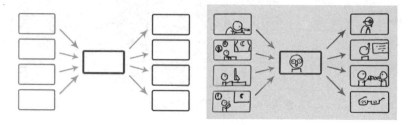

图1-5-8 多重流程图以及其示例

图1-5-8画的是什么事情会导致近视,以及近视后的结果。比如,坐姿不端正、熬夜玩手机等,导致看不清楚东西、戴上眼镜……

第八种是桥状图(Bridge Map),主要是用来进行类比或隐喻推理。桥状图左边横线的上方与下方是具有某种关联性的一组事物,在桥状图的右边依次写下具有对应相关性的事物,以能够形成类比或隐喻关系。见图1-5-9:

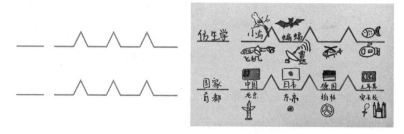

图1-5-9 桥状图以及其示例

桥状图多用于相关事物之间的类比,比如将仿生学进行类比,飞机仿生了小鸟飞翔,利用蝙蝠的超声波制造出了雷达。

这八种图反映的都是一些非常基本的逻辑关系,而且并不是孤立的,它们之间存在内在关联。圆圈图有助于儿童激活已有的经验,气泡图有助于儿童更全面、更深刻地把握研究对象的属性。有了对属性的了解后,对两个事物的比较就可以更加深入。通过比较,发现共同点和差异,为开展分类的树形图创造条件。相同的可以分为一类,不同的就不能分在一起。与分类相对应的是分解,这是两个不同的逻辑操作。分类基于属种关系,而分解是整体与局部的关系。因此,可以专门用括号图来表示。流程图是把一个事件按照时间的顺序切分开来。如果把一个事件看作是一个整体,事件中的步骤就是部分。所以,我们可以把流程图看作是一种特殊的用于表达整体与局部关系的图示。多重流程图表达因果关系,这里实际上是一种双重因果关系。推理时常常从中间的现象出发,往左边推,是寻找事物的原因,往右边推,是寻找该现象可能产生的结果。在一个完整的教学过程或主题学习中,这些图可以灵活地结合起来使用。

为了更好地帮助儿童掌握和使用思维导图、思考地图、思考路径等思维可视化工具,我们鼓励教师和家长与儿童一起进行充满童趣的隐喻化改造。比如思考地图中的圆圈图,我们可以隐喻化为"荷包蛋"图或"甜甜圈"图;双气泡图隐喻为"双胞胎拉手"图;流程图隐喻化为"火车"图;等等。有些幼儿园还会积极探索思维可视化工具在教学实践的具体运用。如杭州蓓蕾学前教育集团的老师们在尊重儿童直观形象思维的同时,运用"视觉隐喻"等方式,让幼儿更清晰生动地感知事物之间的关系。比如用章鱼图来隐喻思维导图,画一画章鱼的触角,来进行思维的联想和发散,将可视化与儿童思维特点匹配。同时,积极探索可视化"思维策略工具"的价值,将分类分解、概括归纳等思维策略融合到蓓蕾图式的具体运用中。如"木工坊的故事"中,孩子们用章鱼图、泡泡图对工具进行分类和分解,用放大镜图对细节进行解释和放大,有助于孩子更好地了解整体和局部的关系;"做一把会动的伞"中,大班孩子们用多元图式的组合来详细记录和表达他们制作会动的伞的探究过程,适应性思维、创新性思维在过程中的产生让深入学习悄然发生①。

第三节　项目式学习与思维可视化②

幼儿园的项目式学习(Problem Based Learning,简称 PBL)是幼儿面向生活世界,在真实问题的驱动下,围绕特定的主题,通过团队合作完成一系列诸如设计、计划、问题解决、决策、作品创建以及结果交流等环节的学习过程。作为一种有意义的学习,幼儿在该过程中会与不同材料、同伴和成人发生长时间、多维度地深度互动,幼儿的好奇心、探究力和创造力能得到充分的激发,相应的语言表达、动手

---

① 　金环编:《蓓蕾"玩科学"课程》,杭州:浙江教育出版社,2021 年,第 4 页。
② 　金环、徐慈华:《知识可视化在幼儿园项目式学习中的运用——以木工坊活动"我的小木屋"为例,《上海托幼》,2020 年第 9 期。

操作、知识建构与高阶思维能力也会得到极大提升,因而近年来受到越来越多一线学前教育实践工作者的欢迎。

高质量的项目式学习,对幼儿和教师的思维能力都提出了一定的要求与挑战。而思维可视化具有重要的认知、情感和交际功能,将其引入项目式学习中的各个可能的环节,可以推进幼儿思维能力的充分发挥,最终实现高质量的项目式学习。下面我们以木工坊活动"我的小木屋"为例,说明思维可视化工具在项目式学习中的具体运用。

尽管大量研究表明,高质量的项目式学习会给儿童带来巨大的益处,包括不同脑区认知功能的有效激活,儿童执行功能的快速发展,以及各种未来所需的知识加工技能的熟练掌握等,但要在幼儿园开展高质量的项目式学习却需要面对诸多困难和挑战。

一、如何有效推动幼儿思维的发展

项目式学习包括探究问题、提出假设、作出说明、讨论想法、彼此质询、试验新思路等活动内容,其基本思想可以回溯到杜威的教育哲学。杜威反对基于书本的死记硬背式的被动学习,倡导"做中学",鼓励学生在实践活动中获取直接的经验,求得所需的学问和成长的机会。

因此,在《民主与教育》一书中,杜威主张教学过程应该按照五个步骤来落实这种理念:① 设计疑难情景,激发儿童对学习活动产生兴趣;② 确定疑难所在,推动儿童进行思考;③ 提出各种解决问题的假设;④ 推出每个假设所含的结果,判断假设是否合理,并进行相应的逻辑证明;⑤ 进行试验,证实或证伪某个假设。如果再往下细究,杜威的"五步教学法"背后的思想基础则是他在《我们如何思维》一书中极力倡导的"五步思维法":① 感受到困难和难题;② 界定问题;③ 想到可能的答案或解决办法;④ 对猜想进行推理;⑤ 通过进一步观察和实验肯定或否定自己的结论,即树立信念或放弃某个信念。

在项目式学习中,我们鼓励幼儿尽可能像科学家、建筑师、历史学家等知识密集型职业工作者那样思考和行动,最关键的点就在于培养幼儿面向未来社会所需的高阶思维能力。然而,困难也会随之而来,增加活动的思维含量势必会增加儿童的认知负担和教学实施难度。由此,如何借助有效的认知支架来提高思维能力、降低认知负担,就成为提升项目式学习质量的一个重要挑战。

二、如何加强项目式学习的过程管理

项目式学习大致可以分为六个步骤:① 设计项目,基于学生经验与兴趣、学科融合视角选择具有探索性的真实问题;② 制订计划,包含预期达到的学习目标、具体的时间、人员及操作性强的进度安排;③ 探究活动,学习者充分发挥自主性、实地实时参与、发现、探究、实践、解决问题;④ 制作作品,鼓励创造性地制作形式多样的作品,充分展示学习者所获得的知识与技能;⑤ 交流成果,以丰富多彩

的形式进行展示活动,重在增强学习者的成就动机和自我效能感;
⑥ 活动评价,做到定量评价和定性评价、形成性评价和终结性评价、
对个人的评价和对小组的评价、自我评价和他人评价之间的良好结
合,并给项目式学习提供及时的反馈①。

对于教师来说,项目式学习实施的很多环节是有难度的。比如
在设计环节,教师需要全面掌握幼儿园内外与项目实施相关的人员、
物质、资料和经验资源,要准确理解《3—6岁儿童学习与发展指南》
中相应的目标与教育建议,要在主题活动中敏锐地捕捉幼儿感兴趣
的问题,还要考虑具体的时间进度。整体来讲,项目式学习时间长、
知识面跨度大、参与人员众多、行为类型多样,这就需要教师在设计
项目时发挥集体智慧、理清思路、做足功课,有效整合相关的资源,为
问题的触发和活动的开展提供足够的辅助支撑。这些工作直接决定
了后续项目实施的连贯性和整体水平。

我们在不断研究和探索中发现,在项目式学习活动中系统地引
入思维可视化工具,提升项目式学习中教师和幼儿使用知识可视化
工具的能力,可以为上述两大难题的解决提供一种可能路径。

幼儿园的木工坊活动是幼儿园开展项目式学习的重要载体。以
项目式学习活动"我的小木屋"为例,我们尝试将知识可视化的方法
引入该项目式学习的每一个可能的环节,从而提高项目式学习开展
的质量,让幼儿在项目式学习中得到更多的锻炼。

---

① 唐晓慧等:《项目学习(PBL)模式对幼儿教育的启示》,《西藏科技》,2018年
第3期。

1. 项目设计环节

在该环节初期,教研团队通过组织"木工坊的故事"专题教研可视化会议,分别从我爱木工、我会做、我的问题我解决、我的木工书、木工的创想等五个维度,对幼儿园木工坊活动相关资源进行系统梳理(图1-5-10),让教师心中有数、行动有谱。完成前期准备后,教师与幼儿共同商量确定一个有挑战性的任务,即制作一个小木屋。

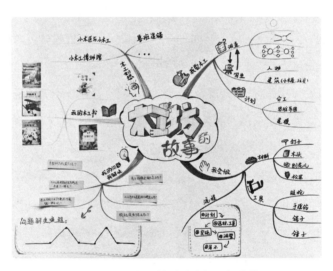

图1-5-10 木工坊活动资源可视化梳理

2. 计划制订环节

让每个幼儿深度参与和经历一个项目的完整过程,是项目式学习的重要目标。流程图的使用,可以帮助教师厘清复杂流程中的核心环节,让幼儿的学习过程更连贯、完整。教师通过流程图,制订项目实施的大致计划(图1-5-11),幼儿围绕任务通过猜测和想象绘制自己的实施计划。

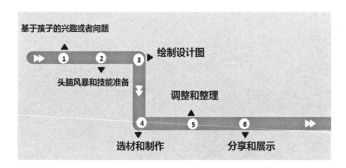

图1-5-11 教师预设的项目实施流程

此外,教师要学会分析幼儿设计的计划,了解他们的所思所想,并引导幼儿将最初的设想与实际经历的流程相比较,分享和交流导致不一致的原因。最初,幼儿的计划和实际操作的吻合度并不高,这恰恰是提升幼儿高阶思维发展水平的重要机会。教师可以通过提问,引导幼儿关注自己计划的可行性,在一次次的反复比较和调整中,让他们提升对自身行动结果的预测性,使计划与实施的匹配度越来越高。

3. 开展探究环节

教师通过让幼儿绘制启发性草图,深化对制作目标的观察和理解。本次活动中,幼儿想要制作的小木屋是一个非常复杂的结构,是三个六边形的阁楼、攀岩墙、绳桥、滑滑梯、蜘蛛网等各个部分的组合（图1-5-12）。要制作小木屋，就需要幼儿对制作对象进行多角度的细致观察，并以启发性草图的形式详细绘制出"小木屋由哪些部分构成"（图1-5-13）。

图1-5-12 小木屋的实景照片　　**图1-5-13 小木屋的结构分解草图**

4. 作品制作环节

在这个环节，教师分别通过引入思维导图、双气泡图、三维模型来提高计划安排、任务分工、工具使用的效率，以及对制作目标内部结构的理解。在上一环节的调查写生之后，幼儿就开始讨论制作的流程，并绘制实施的流程图（图1-5-14）。

有了制作流程后，小组在前期经验的基础上协商，通过画思维导图来做具体的实施计划。该思维导图有三条大分支：绿色的分支是关于工具的，有笔、锤子、锯子、胶枪等；红色的分支是关于材料的，有钉子、各种形状的木板等，还细致地区分了单头钉和双头钉；最复杂的是蓝色的分支，内容是幼儿的分工（图1-5-15）。

图 1‑5‑14　幼儿设计实施的流程图

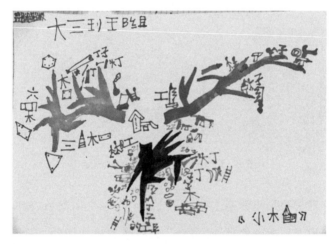

图 1‑5‑15　团队合作实施计划的思维导图

　　幼儿有了分工合作的能力,他们按照组员的木工操作能力,进行合理的分工安排,比如学号是 22 号的同学胶枪用得好,就被安排使用胶枪;26 号和 18 号同学合作用双头钉做梯子;15 号同学使用锯子等。可视化的合作计划,可以很好地帮助幼儿解决活动中非自然中断带来的认知负担,大大提高了幼儿的系统认知能力和团队合作水平。

在使用工具时,很多幼儿会按照自己的心意随心所欲地运用。如用榔头敲螺丝钉,用木锤敲钉子等。教师发现问题后,借助科学绘本《小海狸做木工》,通过观察图示(图1-5-16),用双气泡图比较螺丝钉和钉子的异同之处。这种细致的探究活动既能培养幼儿的科学兴趣,也增强了他们观察、分析、匹配的能力。

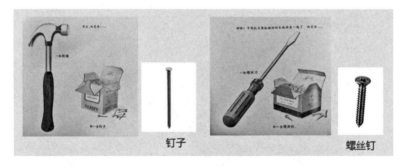

图1-5-16 钉子和螺丝钉的图示

胶枪是幼儿非常喜欢的工具之一。在一次活动后,教师和幼儿一起思考地图中的复合流程图,进行了胶枪使用的可视化讨论(图1-5-17),全面系统地总结胶枪的使用方法和注意事项,仔细分析不同的错误做法可能导致的严重后果,进而提高幼儿对工具的认知程度,养成安全使用的好习惯。

除了使用二维的可视化之外,教师还积极探索通过模型建构来进行三维的可视化表征。小木屋的活动持续了一个月后,幼儿出现了明显的消极情绪。教师和幼儿进行谈话。有的幼儿说:"自己总是

图1-5-17　胶枪使用方法的可视化讨论

做错,做错了再拆掉,一天下来什么都没做成,接下来不知道该怎么办了。"还有幼儿说:"我做的一点都不像,不满意,所以都拆了,渐渐地就不想去做了,太没有成就感了。"

　　确实,由于小木屋的结构很复杂,幼儿只是依靠平面的图纸去建造,空间感不足以支撑着他们独立完成制作。那么,在二维与三维之间,教师搭建怎样的支架才能推动幼儿的发展呢?教师先找来橡皮泥和牙签这两种材料,让幼儿学会搭建一些简单的结构。当简单结构不能满足需要时,再用胶枪来粘制复杂的三维木屋结构(图1-5-18)。

　　通过制作三维模型,幼儿很快解决了在木工坊里遇到的多种问题。比如,第二层、阳光房、楼梯、阁楼和第二层之间的斜坡。这个斜坡在幼儿之前画平面图纸时,没有办法观察到。通过三维模

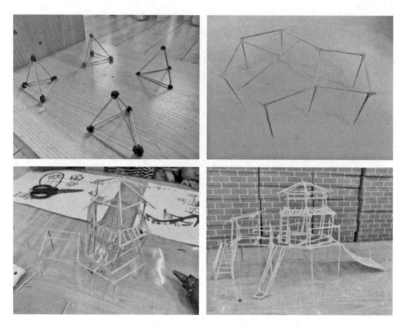

图 1 – 5 – 18　幼儿基于三维模型的可视化表征

型制作,幼儿就可以进一步深入观察,从而更细致地把握结构之间的关系。在这个过程中,模型给幼儿提供了从二维到三维的思维可视化发展工具,解决了他们遇到的实际问题,有效支持了幼儿的深度理解和思考。

5. 成果展示环节

教师通过涂鸦笔记、流程图、沉浸式学习空间(一种基于 WebVR 的三维知识可视化方式)等,来呈现完整的项目故事(图 1 – 5 – 19)。同时,也让幼儿借助各种视觉辅助工具更好地展开交流、表达和反思。这些也有助于教师深入开展针对性的评价和总结,并通过不断的反思来提升项目式学习的实施水平。

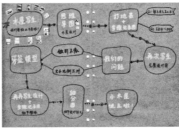

图 1 - 5 - 19　基于沉浸式学习的空间和项目流程图的可视化成果展示

综上,项目式学习有助于提升幼儿多方面的能力,符合未来人才的培养需要。在幼儿园推行项目式学习,不仅有助于幼儿高阶思维能力的发展,还可以促进幼儿在情感和行动方面的进步。将思维可视化引入项目式学习,不仅能很好地推动幼儿的思考和深度学习,还能生动形象地展现幼儿探究的每一步,让幼儿的思维"看得见"。

中编

PART II

具体推演：初小阶段

第一章　推演和具体推演

本章内容提要

具体推演意味着儿童思维由前逻辑发展到推演阶段。具体推演还是逻辑推演的第一阶段,发生于幼儿园大班和初小学生的年龄段。其后期逐渐过渡到形式推演阶段。

第一节　从前推演到推演

初小阶段包括幼儿园大班到小学四年级,年龄为 5 至 10 岁或 6 至 11 岁。该阶段意味着儿童生活一个新时期的开始。

在皮亚杰的心理学中,七八岁至十一二岁儿童的思维为具体推演阶段,包括整个小学阶段。不过我们这里主要还是指幼儿园大班到初小阶段,因为高小阶段的儿童开始运用逻辑意义上的形式推演了。

拓展阅读

英语"operation"一词有"操作""运算"等含义,数学译作"运算",心理学译为"运演",义近于"推理"(inference),而"推理"则是逻辑学的专门术语。实际上数学的"演算"就是推理,比如3+2＝5,"3+2"是前提,"5"是结论,"＝"即是"所以"。逻辑联系为3与2相加之和。心理学的"运演"也是推理,比如ABC颠倒过来是CBA,两次颠倒就恢复原来的次序,同样存在前提、结论和逻辑联系。在儿童逻辑的讨论中,我们把"operation"译作"推演",让它向逻辑的"推理"义靠拢,意谓儿童推理的"泛逻辑"性质。

根据皮亚杰的理论,"推演"就是"内化了的动作"。所谓动作的内化,就是指这种"动作"不仅可以在物质上,而且也可以在心理或思想上(头脑里)进行。

推演与前推演亦即象征和直觉的推演相比,发生了根本性的变化。这一时期的儿童——小学生们已摆脱了幼儿时期的自我中心,觉察到别人和自己对同一事物往往有不同的看法,也就是说,少年儿童从象征和直觉推演到具体推演再到形式推演的发展是一个"去自我中心"的过程。此外,他们逐渐摆脱了幼儿的"泛灵论"思维,而将无生命的事物与生物区分开来,知道童话中的"小仙女""青蛙王子"等都是人们编造出来的,并不是真实的。由于推演是儿童实际动作体系的"内化",即摆脱了动作图式的束缚,因而更具有灵活性、组织性,大班、初小学生的具体推演到了高小阶段——五六年级,就会发展为真正逻辑意义上的形式推演——一种更为高级的思维方式了。

我们从皮亚杰的理论中看到了逻辑的起源和发展的轨迹。逻辑起源于婴幼儿的动作逻辑,随后发展为象征性思维和直觉思维的逻辑,统称为前逻辑。此后,也就是上小学的时候,儿童的思维进入了逻辑意义上的推演阶段。然而皮亚杰还是把逻辑推演划分为具体推演阶段和形式推演阶段,以体现儿童逻辑思维发展的渐进性:七八岁至十一二岁为具体推演;从十一二岁开始形成的推演为形式推演。因此,初小学生的逻辑思维训练重在具体推演,而形式推演的技能训练则要留到高小阶段,延续至中学和大学。这个"逻辑"的发展轨迹可以用下面的图式表示出来:

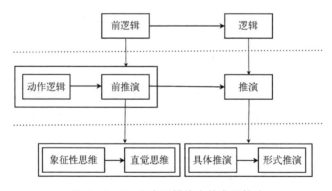

图 2-1-1　儿童逻辑能力的发展轨迹

逻辑就是研究推理(推演)的,而婴幼儿就会推理,虽然最初只是动作图式的推演。自从思维和语言产生以后,即从前推演开始,就属于言语思维的推理了。至于严格意义上的"逻辑",还是始于形式推演。

第二节　具体推演的具体性

名言·格言

> 未来属于擅长推理的人们。

儿童具体推演的"具体",是说儿童在推演时还不能像青少年和成年人那样脱离具体的事物或形象。

儿童具体推演的具体性主要表现在以下几个方面:

1. 依赖于实际事物

儿童早期的推演离不开外化的动作,比如儿童学习数数和加减法时,要先在桌子上放三个苹果,再放两个苹果,数了一数,说是五个苹果。上小学的儿童做算术题时也可能要数手指头,如果手指头不够用,还会用上脚指头。

2. 依赖于图式表象

稍大的儿童可以离开实际事物进行思维,但还需要图式唤起表象,应用表象思维进行推演。比如初小学生的语文、数学课本以及儿童读物都绘有许多关于人、生物、物品的插图,用以加深儿童对事物的认知,产生联想和推理。教育者的教学语言也特别需要生动形象,用以感染儿童的情绪,提高教学效果。儿童都爱听大人讲故事,在讲完一个故事之后启发儿童概括一下主题思想,这个过程实际上也就是推理。

3. 在理性思维中依赖于实例

初小儿童学逻辑不是先讲公式再举例子,而是相反,是从例子中概括出逻辑公式。例子应当浅显生动,具有鲜明性和典型性,最好是儿童身边的人和事。讲逻辑故事、猜谜语和脑筋急转弯都是行之有效的方法。

"具体"是相对于"抽象"而言的,具体成分越多,抽象成分越少,反之亦然。动作逻辑是极致的具体,可以说没有抽象,而后的象征性思维、直觉思维、具体推演,具体成分越来越少,抽象成分越来越多,直至形式推演舍弃了所有具体内容,就成了"纯抽象"的形式思维。"从具体到抽象",这是个渐进的过程,每个阶段并没有截然分明的界线。

拓展阅读

"从具体到抽象"还有一个逆过程,即"从抽象到具体"。比如我们的认知从最具体的事物出发不断地舍弃它们的具体性,用思维把握它的本质属性,形成最抽象的概念;然后又从抽象的概念出发,不断丰富概念的内涵,让概念具体化。比如马克思分析具体复杂的资本主义社会,从中抽象出最抽象的概念"资本",然后又具体地研究了"资本"这个概念,写成了三大卷的《资本论》。"具体—抽象—具体",这就是认知的全过程。

　　具体推演相对于形式推演而言,它有两根明显的"软肋":一是还没有与它所运用的具体材料相脱离;二是它所形成的系统仍然不完整,更没有形式化。这样就使得具体推演不能构成纯粹的形式逻辑,只能算是逻辑推演的初级阶段。

　　从推演的操作来看,一个推理有内容和形式两个方面。比如"人都是有感情的,所以婴幼儿也是有感情的",这个推理的内容是婴幼儿有没有感情,形式是三段论,即 MAP,SAM,∴ SAP。形式推演就是撇开了具体内容的纯符号推演,而具体推演总是离不开这些具体的内容。因此,初小学生的逻辑思维训练必须从具体内容出发,引导他们得出形式的结论,而不是像高校教科书《逻辑学导论》①那样,从形式出发,把内容当作例子看待。

---

　　① 黄华新、徐慈华、张则幸:《逻辑学导论》(第三版),杭州:浙江大学出版社,2021 年。

第二章 类的逻辑

本章内容提要

这里所说的类的逻辑是儿童前逻辑中类的知识的自然延伸,主要包括类的表示法、类的关系和类的简单推演。它不等同于数学或数理逻辑意义上的类演算,后者属于形式推演。

第一节 类的表示法

儿童在幼儿时期已经学会了分类、归类和排序,从幼儿园大班到小学阶段,可以进一步学习类逻辑的基本知识和初步的类的推演。

教学提示

在集合论中通常把"类"称为集合,但我们不说"集合"而说"类",这是由于儿童在前推演中已经有了"类"的一些知识，由此导入，儿童学习起来比较容易。我们这里仅仅教给儿童一些"类"的基础的逻辑知识，不强调形式演算。

先从类的表示法说起。

例如：

元元①的家人：爷爷，奶奶，爸爸，妈妈，元元，方方

"元元的家人"就是一个类，有 6 个成员（其中元元是哥哥，方方是妹妹）。"元元的家人"这个类，我们用大写英语字母 A 表示，6 个成员分别用小写英语字母 a、b、c、d、e、f 表示，然后用花括号"{ }"括起来，表示这 6 个人组成了"元元的家人"这个类，可以写成以下公式：

$$A = \{a,b,c,d,e,f\}$$

这就是一个类的表示法。也可以写成：

元元的家人 = {爷爷，奶奶，爸爸，妈妈，元元，方方}

---

① 注：元元是小学生。

113

又如,"元元的幼儿园同学"和"元元的小学同学"也都是类,各有各的成员:

元元的幼儿园同学:邵一多、朱逸丰、Lans、Lavania 等。

元元的小学同学:赵培源、高昂、李紫申、崔馨予、金熠琳等。

我们分别以 A_1 和 A_2 表示这两个类,公式写成:

$$A_1 = \{a, b, c, d, \cdots, n\}$$
$$A_2 = \{a, b, c, d, \cdots, n\}$$

"元元的家人"就是 6 个,可以用 a、b、c、d、e、f 这 6 个小写英语字母表示,而"元元的幼儿园同学"和"元元的小学同学"这两个类的人数都比较多,要在公式里都写出来未免太麻烦,我们就用"…"表示没有写上名字的同学,意思跟"等"或"等等"差不多。n 表示任意一个数字。

教学提示

教学举例时宜用儿童周边实际的人和事,这样儿童通过熟知的例子很容易理解相关的理论。

"元元的幼儿园同学"和"元元的小学同学"都是元元的同学。"元元的同学"也是一个类,即:

元元的同学=元元的幼儿园同学+元元的小学同学

"元元的同学"这个类包括"元元的幼儿园同学"(A_1)和"元元的小学同学"(A_2)两个"小类",因此,我们把公式写成:

$$A = \{A_1, A_2\}$$

这就是说,一个类可以包括一个个成员,也可以包括小的类(小类)。必须记住:所有的类都用大写英语字母表示;所有类的成员都用小写英语字母表示。这大写字母和小写字母必须分清,不能混淆。

拓展阅读

"集合论"对集合的研究与传统对类的研究并不完全相同。传统对类的定义是具有相同属性的事物的综合,而集合论对集合的定义则是指直觉或思想上一切确定的、彼此不同的东西组成的整体。一般来说,类都是集合,但集合不必都是类。比如{总统,玫瑰,23,垃圾桶},彼此互不关联,却可以组成集合,但绝不是类。

第二节　类的关系

　　儿童们在小学一年级的数学课里已经学过 +、-、=、>、<等符号,我们这里则要再教会儿童关于几个类与类之间关系的符号。先学⊂和⊃,前者称为"真包含于"关系,后者称为"真包含"关系。

　　例如"元元的小学同学"和"元元的同学"这两个类就是"真包含于"关系,即"元元的小学同学"这个类真包含在"元元的同学"这个类里面。我们用 A 表示"元元的小学同学",用 B 表示"元元的同学",符号公式可以写成:

$$A \subset B$$

　　读作 A 真包含于 B,意思是说,所有元元的小学同学都是元元的同学,但不是所有元元的同学都是元元的小学同学,A 类"元元的小学同学"包含在 B 类"元元的同学"里面。这就叫"真包含于"关系。如图 2-2-1 所示:

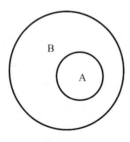

图 2-2-1　A 类与 B 类之间的关系

　　"元元的小学同学"真包含于"元元的同学",如果反过来说,就是:"元元的同学"真包含"元元的小学同学"。用⊃表示

"真包含",公式可以写成:

$$B \supset A$$

读作:B 真包含 A。两个公式之间的关系是:

$$A \subset B = B \supset A$$

读作:A 真包含于 B 等于 B 真包含 A。

扩展阅读

图 2-2-1 叫作"欧拉图"。19 世纪大数学家欧拉曾经教授德国公主逻辑知识,在讲到概念的关系时,他就用了这样的图示。故名。

前面说到"元元的幼儿园同学"真包含于"元元的同学",如图 2-2-1 所示,但是换成"方方的幼儿园同学"和"方方的同学",就不适用于图 2-2-1 了。因为方方只上了幼儿园,还没有上小学,所以"方方的幼儿园同学"的类和"方方的同学"的类是一样的,也就是说,两个类是等于关系。公式写成:

$$A = B$$

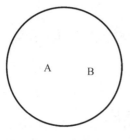

图 2 - 2 - 2　类全同关系

意思是说,所有方方的幼儿园同学都是方方的同学,并且所有方方的同学都是方方的幼儿园同学,如图 2 - 2 - 2 所示。

A 和 B 两个类重合在一起,这样两个类的关系叫作类全同关系,这就是说,A 类的所有成员和 B 类的所有成员完全相同。

还有一种情况,比如"元元的同学"和"方方的同学"这两个类的成员完全不同:所有元元的同学都不是方方的同学,并且所有方方的同学都不是元元的同学。也就是说,A 和 B 两个类,A 不真包含于 B,B 也不真包含于 A。公式写成:

$$A \not\subset B \text{ 并且 } B \not\subset A$$

读作 A 不真包含于 B 并且 B 不真包含于 A,意思是说,A 和 B 没有一个共同的成员,彼此都不存在真包含于关系,当然也不存在真包含关系。如图 2 - 2 - 3 所示:

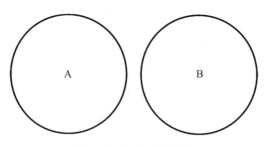

图 2 - 2 - 3　类全异关系

这样两个类的关系称为类全异关系,即 A 类成员和 B 类成员完全不同,不存在任何真包含或真包含于关系。

说完了以上这些,我们有条件介绍一个更常用也更重要的符号,即⊆,读作"包含于"(去掉了"真"字)。"包含于"符号实际上是⊂和=两个符号组合而成的,⊂即前面说过的"真包含于",=即是"等于"。⊆这个符号的意思是"真包含于或者等于"。

如果我们使用⊆这个符号,那么"元元的幼儿园同学"和"元元的同学"与"方方的幼儿园同学"和"方方的同学"都可以写成:

$$A⊆B$$

也就是说,无论是真包含于关系(比如元元的同学)还是等于关系(比如方方的同学),都可以说成"包含于"(⊆)关系(不必也不能加"真"字)。"包含于"(⊆)关系是类和类之间最常用也最基本的关系。

值得注意的是,这里强调的是"类"和"类"之间的关系,而不是"类"和组成类的个体成员之间的关系。我们必须明确地知道:类和组成类的个体成员之间的关系为"属于"关系(不是"包含于"关系),写作∈。

比如元元是"元元的家人"这个类的一个成员,写成:

$$a∈A$$

读作:a 属于 A,小写的 a 指元元(类的成员),大写的 A 指元元的家人(类)。意思是说,元元属于"元元的家人"这个类的一个成员。

又如阿甘不是"元元的家人"这个类的一个成员,令 b=阿甘,A=元元的家人,公式写成:

$$b \notin A$$

读作: b 不属于 A。意思说阿甘不是"元元的家人"这个类的成员。

教学提示

类和类的关系不同于类和个体(个体成员)之间的关系,前者为"包含于"(⊆)的关系,后者是"属于"(∈)关系。必须提示儿童把两者鲜明地区分开来,不能混淆。

第三节　类的推演

如同小学数学中两个数可以进行加、减、乘、除的运算一样,两个类之间也可以运算。类推演的基本方法是类的加法、类的乘法和类的补（也是一种减法）。

先说类的加法和乘法。

1. 类的加法

有 A 和 B 两个类，由属于 A 类的所有成员和属于 B 类的所有成员组成一个新类，叫作 A 和 B 的加。写成：

$$A+B$$

读作：A 加 B。例如，A 类是"元元的同学"，B 类是"元元的朋友"，A 类和 B 类相加就是"元元的同学"加"元元的朋友"。这个新类我们记为 C，公式写成：

$$C = A+B$$

公式的意思是说，C 这个类是 A 类和 B 类相加的结果，也就是 A 类加 B 类等于 C 类。如图 2-2-4 所示：

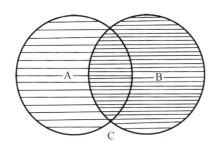

图 2-2-4　类的加法

A 加 B 实际上包括三个小类：① 是 A 不是 B，比如景山学校中元元不认识的同学，他们是元元的同学但不是元元的朋友；② 是 B 不是 A，比如阿甘，他是元元的朋友但不是元元的同学；③ 既是 A 又是 B（中间交叉部分），比如邵一多、赵培源、李紫申、崔馨予，他们既是元元的同学又是元元的朋友。也就是说，元元的同学或者元元的朋友都属于这个大类。因此可以有下面的推演：

$$C=\{a\in A \text{ 或者 } a\in B\}$$

意思是说，有一位小朋友 a，只要他是元元的同学或者元元的朋友，就属于 A 加 B 这个新类 C。

公式 A+B 中的 A 和 B 可以交换为 B+A，记为：

$$A+B=B+A$$

意思是说，A+B 和 B+A 这两个公式是等于关系。这是加法的交换律。比如"元元的同学或者元元的朋友"同"元元的朋友或者元元的同学"，两者的意思是一样的。

拓展阅读

在集合论中，A 加 B 读作 A 并 B，或 A 和 B 的并。符号为∪。

2. 类的乘法

有 A 和 B 两个类, 由既属于 A 类又属于 B 类的所有成员组成的类, 叫作 A 和 B 的乘。写成:

$$A \times B$$

读作: A 乘 B。比如 A 类"元元的同学"和 B 类"元元的朋友", 由既属于"元元的同学"又属于"元元的朋友"的成员组成一个新的类, 就是 A 类和 B 类的"乘"。这个新类记为 C。公式为:

$$C = A \times B$$

意思是说, C 这个类是 A 类和 B 类相乘的结果, 也就是 A 类乘 B 类等于 C 类。如图 2 - 2 - 5 所示:

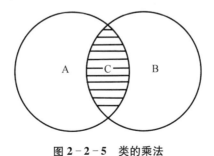

图 2 - 2 - 5 类的乘法

A乘B实际上只是指"既是A又是B"这一个小类(A和B中间的阴影部分),比如元元的同学和朋友中,A乘B就是指"是元元的同学并且是元元的朋友"这一个类的人,比如邵一多、赵培源、李紫申、崔馨予。可以有下面的推演:

$$C = \{a \in A \text{ 并且 } a \in B\}$$

意思是说,有一位小朋友a,比如赵培源,他是元元的同学并且是元元的朋友,就属于A乘B这个新类C。

公式A×B中的A和B可以交换为B×A,记为:

$$A \times B = B \times A$$

意思是说,A×B和B×A这两个公式是等于关系。比如"元元的同学并且是元元的朋友"同"元元的朋友并且是元元的同学"意思是一样的。这是乘法的交换律。

拓展阅读

在集合论中,A乘B读作A交B,或A和B的交,符号为∩。

3. 类的补

有一个大类(全类)I 和一个小类 A, A 真包含于 I, 由大类 I 中不属于 A 类的成员组成的新类叫作 A 的补。写作:

$$A-$$

读作 A 补。例如有一个大类 I = 小朋友, I 类中有一个小类 A = 景山学校的小朋友, 小类"景山学校的小朋友"包含于大类"小朋友"之中, 那么 A-就是"不是景山学校的小朋友"或"非景山学校的小朋友", 比如灯市口小学的小朋友、芳草地小学的小朋友, 等等。公式可以写成:

$$A-=I-A$$

意思是说, A 补就是大类 I 减去小类 A。从这个公式不难看出, 类的补也是一种减法。(如图 2 - 2 - 6 所示)

A 的补实际上是 I 但不是 A 的那个部分(阴影部分)。就元元的例子说, 他们也是小朋友, 但不是景山学校的小朋友, 或者说, 他们是景山学校以外的小朋友。

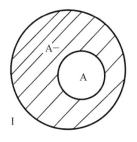

图 2 - 2 - 6 类的减法

拓展阅读

类的减也是一种类演算方法,即由属于 A 但不属于 B 的所有成员组成的类,记为 A-B。比如 A={学生},B={运动员},A-B={不是运动员的学生}。补是一种特殊的减法。

根据类的加法和乘法,A-可以有下面的推演:

$$A+A-=I$$
$$A\times A-=0$$

前式是说,A 加 A 补等于大类 I。比如,景山学校的小朋友加上景山学校以外的小朋友,等于所有的小朋友;后式是说,A 乘 A 补等于 0。比如假设有这样一位小朋友,他是景山学校的小朋友又是景山学校以外的小朋友,这样的小朋友当然不存在,所以等于 0。0 是空类,即没有任何成员的类。

教学提示

如果使用集合论符号,我们可以把∪、∩、⊃、⊂通俗地称作上、下、左、右四个"马蹄"。这样比较生动形象,儿童也容易记住。

第四节　分类与分解

儿童在上小学之前已经懂得了一些分类知识,这一节进一步告诉儿童一些分类的逻辑知识。

在分类中,可以把一个大类分为不同的几个小类。例如:

"元元的同学"分为"元元的幼儿园同学"和"元元的小学同学"。

"元元的同学"分为"元元的男同学"和"元元的女同学"。

"元元的同学"分为"比元元高的同学"和"不比元元高的同学"。

"元元的同学"分为"是元元朋友的同学"和"不是元元朋友的同学"。

当然还可以有其他分类。

下面再举一个分类的例子:

人分为中国人和外国人。

人分为好人和坏人

人分为男人和女人。

人分为大人和小孩。

……

这些都是对于"人"的分类。

分类可以连续地分下去。也就是说,任何一个大类都可以分成几个小类,再把小类分成几个小小类,如此连续分下去。比如把人分为中国人和外国人,再把外国人分为美国人、英国人、日本人、俄罗斯人……,再把美国人分为男性美国人和女性美国人,如此等等。

我们把一个大类划分为若干个小类以及小类的小类,这些大类与小类以及小类的小类之间构成了传递关系,即一个大类大于它的小类,小类大于小类的小类(小小类),如此等等。比如"人"这个类大于"亚洲人","亚洲人"大于"中国人",由此可以推出"人"这个类大于"中国人"这个类。我们把大类记为 A,小类记为 B,小类的小类记为 C,那么公式可以写成:

$$A>B>C, 所以 A>C$$

这就是传递推理,儿童在分类和排序的训练中已经有所领悟。

值得注意的是,我们的每一次分类都必须满足两个条件,也就是要遵守两条规则,否则就是错误的分类。

第一,分类要有根据,每一次分类只能有一个根据。把人分为男人和女人,根据是性别;把人分为中国人和外国人,根据是国籍。如此等等。如果把人分为男人、女人和中国人,其中男人、女人是性别,而中国人则是国籍,就不止一个根据,因而是错误的分类。

第二,分类必须完全,不要漏掉小类。比如把菊花分为白色和黄色,漏掉了紫色等,就是错误的分类。然而,有时候划分出来的小类太多,一一列举出来实在太麻烦,可以用"……"或"等等"表示,不能算是漏掉小类。比如"人分为中国人、美国人、英国人、德国人、法国人、俄国人、日本人等",就不算漏掉小类。

教学提示

> 违反"分类要有根据"规则的逻辑错误叫"混淆根据";违反"分类必须完全"规则的逻辑错误叫"遗漏子项"或"多出子项"。

与分类密切相关的另外一个概念叫分解。分类处理的是属种关系,而分解处理的是整体与局部的关系。分类是把一个大类(属)分成许多小类(种),小类中的成员都具有大类的属性。比如说,我们对人进行分类,按照性别可分为男人和女人,男人按照年龄又可以分为15岁以下的、15到25岁、25到35岁、35岁以上的,25岁到35岁的男人又可以按照会不会开车分为两类。我们可以继续无限分下去。即使是最小的类也都具有人的属性。

而分解就不同了,它把一个整体事物分成各个组成部分,分解后的组成部分不具有整体事物的属性。如果我们把一辆汽车进行分解，可以分为：发动机、车身、方向盘、轮子、座椅等。发动机只是汽车的一部分，它不具备汽车的属性。

　　分类和分解我们还可以分别用"上编第五章第二节思考地图"中的树形图和括号图表示。学会分类和分解，有助于我们深刻认识和理解周围事物。

第三章　概念化

本章内容提要

> 概念是推理的最小组成成分,提升儿童的推理能力必须从明确概念开始。明确概念必须明确概念的内涵和外延。下定义是明确概念的重要方法。

第一节　符号的中介功能

推理是由判断组成的,而判断则是由概念组成的,概念是推理最小的组成成分。提升儿童的逻辑推理能力,应当先让他们对相关的"概念"有个比较清晰的认知,然后才会有恰当的判断和合乎逻辑规则的推理。

儿童概念的形成是这样开始的:皮亚杰说,儿童"感知—运动"图式不是概念,因为它们不能在思维中被运用;但是在出现意象和语言之后,儿童的认知增添了一种内化并且精确化了的新型活动,即把活动图式转变为思维的"概念"。这种活动的内化就是概念化。

儿童思维概念化是儿童分类、归类活动的自然延伸。最初的区别性训练为概念化奠定了基础,类的推演则让儿童进一步明确了概念化的逻辑意义和价值。比如,我们把所有 A 归为一个类,因为它们都具有属性 a 而可以相互比较;或者肯定所有的 A 都是 B,因为除了属性 a 之外,它们还都具有属性 b;或者认为并非所有 B 都是 A,只有某些 B 是 A,因为不是所有的 B 都具有属性 a,如此等等。而这些知识正是我们进行判断和推理的必备知识。

儿童的概念化有赖于符号的中介作用。皮亚杰说,这是一种言语符号系统的象征性机能,"特征是以不同于'被指称物'的一种'指称物'作为中介来实现的"①。符号学是逻辑的元科学,从符号的中介功能导入概念理论,比较容易说清楚概念的本质。

图 2-3-1 符号三角

那么,什么是符号?

美国哲学家皮尔斯说,符号是由符号形体(符形)、符号对象(对象事物)和符号解释(符释)组成的三元关系②。我们用图 2-3-1 的"符号三角"来表示:

按照皮亚杰的说法,符号形体

① [瑞士]皮亚杰著,洪宝林译:《智慧心理学》,北京:中国社会科学出版社,1992 年,第 126 页。
② 黄华新、陈宗明主编:《符号学导论》,上海:东方出版中心,2016 年,第 8 页。

就是指称物,比如用来指称糖块的小石头;符号对象就是被指称物,即被指称的糖块。至于符号解释,就是这个符号具有什么意义,也就是关于对象的信息。在这个例子中的符号解释——"糖是可以吃的",当然是假吃。这个例子所说的"指称"关系就是用小石头来指称糖块。

在"小石头"的例子中,指称物小石头与被指称物糖块之间具有"相似"的性质,但在符号三角中,符号形体和符号对象之间的"指称"关系并非都具有相似性。比如交通符号(信号):交通路口的红绿灯是指称物(符号形体),相关的交通规则是被指称物(符号对象),它们之间并没有相似性,指称物对于被指称物而言只具有"代表"的功能,即红绿灯"代表"相应的交通规则,但不必具有相似性。

至于符号形体和符号解释的"意指"关系,可以简单地说成是形式和内容之间的关系,即符号形式"意指"它的内容,亦即通过符号形体传达关于对象的信息,表达某种意义。这样的内容(信息,意义)就是对符号的解释。比如红绿灯告诉人们"红灯停、绿灯行"这样的交通规则信息,"红绿灯"是形式,"红灯停、绿灯行"是内容,形式"意指"内容。

瑞士语言学家索绪尔把符号定义为能指和所指的二元关系。他所说的"能指"就是符号形体,"所指"就是符号解释。他在《普通语言学教程》一书中说,语言是一个符号系统,语言符号的能指为音响形象,所指即是概念。在皮尔斯的符号三角中,索绪尔的二元结构可

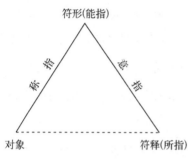

图2-3-2 符号三角中的二元结构

表示为图2-3-2。

需要说明的是,作为语言符号的形体(能指),索绪尔所说的音响形象不必是物质的声音,而是"声音的心理印迹"。他解释说:"我们试观察一下自己的言语活动,就可以清楚地看到音响形象的心理性质:我们不动嘴唇,也不动舌头,就能自言自语,或在心里默念一首诗。因为语言中的词对我们来说,那是一些音响形象。"[①]也就是说,"音响形象"包括"无声语言"。作为语言符号解释(所指)的"概念"就是话语所传达的意义。至于语言符号的对象,虽然索绪尔没有提及,但自然是指事物的类或者个体事物。

人物介绍

索绪尔(Saussure, D.F., 1857—1913),瑞士著名的语言学家,现代语言学的创始人。所著《普通语言学教程》认为,语言学就是基于符号及其意义的学科。

皮尔斯(Peirce,C.S., 1839—1914),美国著名哲学家、符号

---

① [瑞士]索绪尔著,高名凯译:《普通语言学教程》,北京:商务印书馆,1982年,第101页。

学家、逻辑学家。他认为现有的逻辑研究领域过于狭窄,而扩展了的逻辑学就是符号学。

索绪尔和皮尔斯是两位公认的符号学奠基人。

附　言

如果说得详尽一些,语言符号的解释不只是概念,还应当包括判断和推理。因为在语言符号中,语词的解释是概念,而句子的解释是判断,有的复句或句群的解释则是推理。

那么,什么是符号的中介功能?

原来在符号形体、符号对象和符号解释的三元关系中,符号形体作为中介物,它一方面"指称"对象事物,一方面"意指"符号意义(符释),处于中介环节。正是符号的中介(媒介)作用,人们可以通过这个中介物获得关于对象事物的信息,从而认知这一事物。这就是符号的中介功能。比如我们来到交通路口,如果是红灯,我们就会停下来;如果是绿灯,就可以顺利穿过马路。红绿灯就是交通符号的形体,它传达了"红灯停、绿灯行"的信息,从而使得马路交通井然有序。这就是红绿灯的中介功能。值得注意的是,正是由于符号形体这种特殊的地位,人们通常都把符号形体简单地称作"符号",以致一般人口头上所说的"符号",实际只是符号三元关系中的"符号形体"(符号是三元关系,不只是符号形体)。

那么,为什么儿童实现概念化一定需要使用符号,特别是使用语言符号呢?

原来儿童最初的"感知—运动"模式虽然行之有效,但是局限于直觉的空间和时间,认知者必须直接操作,而且不得超过动作的速度。当儿童有了思维和语言之后,就能够将动作内化为概念,从而摆脱躯体动作的限制,并且超越时空去认知客体事物。正如皮亚杰所说:"通过思维的中介作用,活动就被放在一个广阔得多的时空范围之中,并且作为主客体之间的中介物而被提高到一个新的地位。"[①]当儿童走出"感知—运动"阶段,可以通过思维来认知对象事物的时候,就是通过"符号形体"这个中介物而得以实现的。比如,当正在学话的儿童端着一杯开水喝到嘴里的时候,来自开水的直接感受使他放下水杯,这只是一种"感知—运动"图式,他还没有"烫"的概念。当大人告诉他"tàng"这个语词(音响形象)时,他获得了关于开水"烫"的信息,从而形成"烫"的概念。这就是通过中介物音响形象"tàng"获得"烫"的概念的概念化过程。通过符号中介功能认知事物,这是理性思维的根本特征。

在儿童认知的过程中,不仅像"苹果""玫瑰""哭""笑"以及"酸""甜""烫"这类具体概念需要通过符号的"中介"才能认知,对于诸如"漂亮""喜欢""友爱""害怕"这类抽象概念,更是离不开符

---

① [瑞士]皮亚杰著,王宪钿等译:《发生认识论原理》,北京:商务印书馆,1986年,第29—30页。

号的中介；如果没有符号的中介，要认知抽象概念是不可想象的。人们说："皮之不存，毛将焉附？"符号形体就是概念的"皮"，概念就附在"语言"这张"皮"上。

以上讨论的是概念化的符号学原理。在对儿童概念化的训练中，固然不必把这些知识都告诉他们，但至少要求他们懂得什么是符号，能够识别各种各样的符号。比如，商店的招牌是符号，招牌上的文字或图案是符号形体，它所指称的商店是符号对象，文字或图案所传达的信息是符号解释。奥运会的会旗是符号，白底的五色连环是符号形体，它所代表的奥运会组织是符号对象，五环象征五大洲的团结是符号解释。在我们身边随处都可以见到符号，随时随地都可以训练儿童认识它们，并且要求他们给出简单的符号学说明。

多元智能理论创立者加德纳认为，符号在智能的发展中扮演十分重要的角色。他进一步将儿童符号系统（symbol system）能力的发展过程，划分为四个不同的阶段。在婴儿阶段，儿童就已经对符号有所理解，这为后来的符号应用打下基础，而且表示出一定的应用世俗符号的活动能力。在童年的早期，也就是从 2 岁到 5 岁这个令人难以置信的快速发展阶段里，儿童在一系列符号系统中获得了基本的能力，这同时也是符号发展两个平行的方面同时起作用的阶段，为发展的"浪潮（waves）"与"溪流（streams）"。掌握符号系统，在执行复杂文化活动中极其有用，到了青春期和成人期时，该个体就具有充分的能力去使用符号，能把符号知识传递给年幼的个体，而且也具备制作独创性符号产品的潜力了①。因此,我们要高度关注儿童在不同阶段使用符号的能力。

拓展阅读

美国哲学家莫里斯把符号学分为语形学、语义学和语用学三个组成部分。语形学研究符形之间的关系,不涉及意义问题。数理逻辑的形式演算就是最具代表性的语形学。语义学研究符形与符号对象之间的关系,亦即符号通过符形所传达的关于符号对象的信息,也就是符号的意义,但这意义与语境无关。语用学研究语境中的意义。比如"我吃饭",意思是说,存在一个东西叫作"饭","我"和"饭"之间有"吃"的关系。这是语义学。"饭我吃"是在"面条我就不吃了"的语境中说的,意思是"我只吃饭"。这是语用学。本书所说的形式推演属于语形学;具体推演一般属于语用学,其中不依赖于语境的描述性推演则属于语义学。

第二节 抽象和概括

儿童在早期的区别性训练中开始学习用比较的方法对事物进行

---

① [美]霍华德·加德纳著,沈致隆译:《智能的结构》(经典版),杭州:浙江人民出版社,2013年,第352页。

分类。就像小女孩方方所说的：女孩头发长，男孩头发短；小猫有胡子，小狗没有胡子；兔子长耳朵，小熊短耳朵；苹果像太阳，香蕉像月亮；如此等等。皮亚杰把儿童早期的比较认知行为说成"从客体出发"的抽象和"概括的同化"①。

此后，儿童在思维中对许多相似的事物进行比较，从而区分了事物之间不同和相同的东西，这就是概念化过程中必须使用的抽象和概括两种逻辑方法。

1. 抽象

所有的事物都有自己的属性（属性包括"性质"和"关系"两层意思），比如，桌子都是用某种材料（木头、金属、玻璃等）做成的，有一定的形状（方形、圆形或其他形状），都有桌面，桌面可以放置物品，等等。这些就是属性（性质）。在这些属性中，有些属性其他事物也有，如材料、形状，但有些属性，如有桌面，桌面可以放置物品，就为桌子所独有（特有），我们叫它"特有属性"。人们在认知一个事物时必须抽取对象事物的特有属性而舍弃那些非特有属性，才能把这个事物和其他事物区别开来。因此也可以这样说：特有属性就是能够把这个事物同其他事物区别开来的那些属性。从对象事物中抽取特有属性的方法就叫作"抽象"。

儿童在概念化的过程中，首先是通过思维找出对象事物的属性，

---

① ［瑞士］皮亚杰著，王宪钿等译：《发生认识论原理》，北京：商务印书馆，1986年，第25—26页。

比如找出眼前一张桌子的一些属性：木头做的，方形，有四条腿、一个桌面，然后把这张桌子跟眼前的一把椅子作比较：椅子也是木头的，四条腿，有方形椅面（不是桌面）和椅靠，用来坐人，如此等等。通过比较，有桌面，桌面可以放置物品是桌子的特有属性，而木头做的，四方形，有四条腿，是桌子和椅子的共有属性（不是桌子的特有属性）。当儿童抽取桌子"有桌面，桌面用来放置物品"这个特有属性而舍弃其他属性时，就完成了对桌子的"抽象"任务。同样道理，当儿童抽取椅子"有椅面、椅靠，用来坐人"这个特有属性而舍弃其他属性时，也就完成了对椅子的"抽象"任务。在上篇第五章第二节的八大思考地图中，有气泡图和双气泡图两种不同类型的基本图形。其中，气泡图用于描述某个事物具有的各种属性，而双气泡图就是用于描述两个不同的事物之间，哪些属性是相同的，哪些属性是不同的。通过这些思维可视化工具，儿童更容易掌握如何去抽象出特有的属性。

实际上儿童有了思维以后，就开始学习"抽象"的方法了，比如儿童"识数"就是一次最成功的"抽象"。当儿童学会"1、2、3、4、5"的时候，他已经懂得舍弃事物的其他属性而只抽取"数"的属性，这当然就是"抽象"。小学一年级数学课学到加法和减法，不仅是"数"的抽象，而且是抽象的推演了。

2. 概括

儿童在学会"抽象"的方法之后，又逐渐掌握了"概括"的方法。

比如小女孩方方在抽象出椅子"有椅面、椅靠,用来坐人"的特有属性之后,又会进一步把所有"有椅面、椅靠,用来坐人"的东西归于"椅子"一类,把"没有椅靠,但有桌面,桌面用来放置物品"的东西归于"桌子"一类。这就是"概括"。

如果说抽象用于分类,把具有不同属性的事物分门别类,那么"概括"就是归类,即把具有相同属性的事物归于一类。前面说到的"类的推演"就是在概括的基础上实现的。

抽象和概括这两种不同的逻辑方法,一方面方向相反:抽象在于寻找"不同"(差异),而概括则是寻找"相同";另一方面又密切相关:抽象是概括的基础,没有抽象就没有概括;反之,概括也有助于我们更好地抽象,甚至抽象的同时就在概括,比如当我们抽象出桌子"有桌面,桌面可以放置物品"的特有属性时,实际就是在概括所有桌子都有这样的属性。抽象和概括彼此相反而又相成,儿童应用抽象和概括两种方法,明确了类与类之间的区别所在,就为实现概念化创造了必要条件。在八大思考地图中,有一种叫树形图的基本图形,其认知基础就是抽象和概况。因此,该思维可视化工具可以帮助儿童更好地开展概念化思考。

拓展阅读

比较法是将两个或两类对象事物相比较,用来确定对象之间的差异点和共同点的逻辑方法。人们在认知事物的过程中,一般都是通过比较来发现事物的众多属性的,然后找出它们特有的乃至本质的属性,形成这个事物的概念。这个过程就是抽象和概括的过程。

比较法是儿童概念化的基本方法。比如儿童通过对桌子和椅子的比较,抽象出它们的不同属性,把彼此区别开来,然后按照相同的属性把不同形态的桌子和椅子归为两类。在儿童的概念化训练中,教育者要善于启发儿童运用比较法进行抽象和概括,认知不同概念的内涵和外延,形成不同的概念。

第三节　内涵和外延

对于儿童实现概念化来说,抽象和概括固然是两种必须掌握的逻辑方法,但它们只是"方法"而不是"概念"本身,不能算是实现了概念化。概念的内涵和外延才是概念的两个基本的逻辑特征,只有明确了一个概念的内涵和外延,那才是掌握了这个对象事物的概念,实现了认知这个事物的"概念化"。

那么什么是概念的内涵和外延呢?

1. 内涵

概念的内涵就是反映在概念中的事物的本质属性或特有属性①。例如：

> 桌子：有桌面，用来放置物品。
>
> 椅子：有椅面、椅靠，用来坐人。
>
> 水果：果实含水分较多，可以生吃。
>
> 人：有语言，会思考，能制造和使用工具。
>
> 学生：在学校读书。

这里所说的桌子、椅子、水果、人和学生的特有属性，就是这些概念的内涵。这些特有属性都是应用抽象和概括的方法得到的。

2. 外延

概念的外延就是具有概念所反映的特有属性或本质属性的事物②。实际上概念的外延就是概念所反映的事物的类或类的成员。例如：

> 桌子：餐桌，书桌，课桌，电脑桌，乒乓球桌……

---

① 黄华新、徐慈华、张则辛著：《逻辑学导论》（第三版），杭州：浙江大学出版社，2021年，第233页。
② 同上，第235页。

椅子：座椅,躺椅,转椅,摇椅……

水果：苹果,梨子,香蕉,杧果……

人：白种人,黑种人,黄种人。

学生：小学生,中学生,大学生,研究生。

概念"桌子""椅子""水果""人""学生"的外延都是一些小类。

在符号三角中,符号形体作为符号形式通常表现为一些物质的实体,比如木制的招牌、布做的旗帜,但并非总是如此。思维的产物也可以充当符号形体,思维也具有形式和内容两个方面。在逻辑学中,概念、判断和推理都是思维形式,其中概念是最基本的思维形式。概念也有自己的符号三角：概念形式(思维实体,内化的动作)为符号形体,外延就是思维中的对象事物,内涵即是符号解释,亦即意义。如图2-3-3所示：

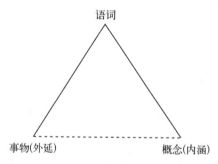

图2-3-3　概念的符号三角

"语词"是概念的语言形式,在索绪尔那里称为音响形象,指语音的"心理印迹"。"概念"在第一个符号三角里是通过语词形式反映对象事物的信息,亦即语词的意义(符释)。在第二个符号三角中,概念作为思维形式(符形)指称思维中对象事物的类(或个体),意指它们的特有属性,前者明确了语词概念的外延(对象);后者明确了语词概念的内涵(符释)。内涵、外延是概念的基本逻辑特征,明确了概念的内涵和外延,也就完成了对象事物概念化的进程。

拓展阅读

概念的内涵是概念所反映的对象事物的特有属性,外延则是概念所反映的对象事物,两者似乎互不相干,其实不然。具有上位和下位关系的两个概念之间,前者是后者的内涵,后者则是前者的外延。在一个概念序列中,一个概念是上位概念的外延,同时又是下位概念的内涵。比如在"人—亚洲人—中国人"的概念序列中,"亚洲人"既是"人"的外延(人包括亚洲人,欧洲人,非洲人等),又是"中国人"的内涵(中国人具有亚洲人的属性)。此外,一个概念的内涵越多,其外延越少;反之,一个概念的内涵越少,则外延越多。比如"人"与"中国人","中国人"的外延比"人"少(不包括美国人、日本人、埃及人等),而内涵比"人"多(多出"中国籍"这一属性)。这叫内涵与外延的反变关系。

第四节　下定义

儿童在明确了概念的内涵和外延之后,教育者就可以引导他们把概念所传达的信息,亦即概念的内容用简短的语句准确地表述出来。这种应用简短语句准确表述概念内容的逻辑方法就是下定义。

比如:

桌子就是有桌面、用来放置物品的家具。

椅子就是有椅面、椅靠,用来坐人的家具。

水果就是含水分较多、可以生吃的植物果实。

人就是能制造和使用工具的动物。

学生就是在学校读书的人。

以上就是给概念"桌子""椅子""水果""人""学生"所下的定义。公式是:

A 就是 B

A 表示被定义的概念,B 表示对这个概念的解释,解释对象事物的特有属性,A 和 B 中间用"就是"连接起来,就成了一个完整的定

义。其实,对概念的解释也是一个概念,称为"定义概念"。比如"有
桌面并且能放置物品的家具""能制造和使用工具的动物""在学校
读书的人"都是概念,它们是短语概念,不是单词概念(被定义概念 A
一般是单词,也可以是短语)。概念所反映的是事物的类,即"类全
同"。联接词"就是"表示两边的概念相等,也就是两边所反映的事
物的类是相等的,即 A=B;如果不相等,那就不是定义。定义中所表
达的特有属性有的不止一个,为了语句简短,可以挑选其中最为重要
的属性,比如上述"人"的概念内涵中列举了"有语言、会思考、能制
造和使用工具"三项特有属性,其中以"能制造和使用工具"最为根
本,所以只需说成"能制造和使用工具的动物"就够了。这样就能够
简短而又明确地把对象事物与其他事物区别开来,实现了认知对象
事物的概念化。概念化的目的就在于把对象事物与其他事物区别开
来,做到概念明确。

公式中的定义概念 B 实际包括两个部分:事物的特有属性和事
物所属的类。比如桌子、椅子属于家具的类,学生属于人的类,人属
于动物的类。因此,B=特有属性+类(邻近的类)。又由于被定义概
念等于定义概念,即 A=B,所以定义公式可以写成:

$$被定义概念=特有属性+类$$

也就是 A=B(B=特有属性+类)。这是逻辑的一种最基本的定
义方法。

事物的属性包括事物的性质和关系两个方面,利用特有属性加类的方法下定义的方法称为性质定义;此外还有关系定义,即利用事物类与类之间的关系所下的定义。如:

> 爷爷是爸爸的爸爸。
>
> 奶奶是爸爸的妈妈。
>
> 姥姥是妈妈的妈妈。
>
> 姥爷是妈妈的爸爸。
>
> 偶数是能被 2 整除的数。
>
> 奇数是不能被 2 整除的数。

这些都是关系定义。前四例是利用亲属关系下定义,后两例是利用数和数之间的关系来下定义的。

概念所传达的信息即概念的意义,包括内涵义和外延义,前述性质定义和关系定义都属于明确概念的内涵义,叫内涵定义。此外,下定义也可以用来明确概念的外延义,叫外延定义。如:

> 学校包括小学、中学和大学。
>
> 阿甘一家人有爸爸、妈妈和阿甘。

外延定义就是用简短的语句指明一个事物的类所包括的小类或类的成员。

人就是能制造和使用工具的动物,包括亚洲人、欧洲人、美洲人、非洲人等。

这个定义的前一分句为内涵定义,后一分句为外延定义,是内涵和外延相结合的一种定义方法。

定义还有其他方法。比如:

郎中就是医生。

"阿拉"是宁波方言"我"的意思。

成年人就是年满 18 岁的人。

气压计是用来测量大气压力的仪器。

地震是由地球内部的变动引起的地壳震动。

第一例和第二例为语词定义,第三例为约定定义,第四例为功用定义,第五例为发生定义。总之,下定义就是为了明确概念,把一个概念跟其他概念区别开来,因此只要能够用简短语句准确地表述一个概念的内容,都可以看成下定义的方法。

下定义是儿童概念化训练的终点。儿童概念化训练的起点是婴幼儿时期的区别性训练,接着是幼儿时期的分类、排序训练。到了小学阶段,进一步学习类的知识,用来强化对概念外延的认知;学习符号的中介作用,目的在于弄懂理性思维的特点和概念产生的原理。然后学习抽象和概括两种逻辑方法,用以明确概念的内涵和外延;最后学会下定义,用简短语句把一个概念特定的内容明确地表述出来,最终在思维中把对象事物同其他事物区别开来。这就是概念化训练的全过程。

逻辑是研究推理的,而推理是由判断组成的,判断又是由概念组成的,概念化训练是逻辑思维的基础训练,概念明确才能判断恰当,推理具有逻辑性。

逻辑错误提示

下定义易犯的逻辑错误主要是"定义过宽"或者"定义过窄"。前者表现为定义概念大于被定义概念,后者相反。前者如"学生就是读书的人",定义过宽;后者如"学生就是在公立学校读书的人",定义过窄。其他如"学生就是当学生的人",叫作"循环定义",也属于逻辑错误。

第四章　探求因果关系[①]

本章内容提要

> 　　探求因果关系的推理属于归纳推理,常用的有五种方法,一般称为"穆勒五法",他们分别是:求同法、求异法、求同求异并用法、共变法、剩余法。这些方法都是根据某一研究现象与出现该现象之前或之后若干情况(称为先行或后行情况)之间具有某种关系,推出该研究现象与其相关的先行或后行情况之间具有因果联系的结论。

第一节　求同法

　　求同法可表述为:在被研究现象出现的几个场合中,有且只有

　　① 黄华新、徐慈华、张则幸:《逻辑学导论》(第三版),杭州:浙江大学出版社,2021 年,第 165—168 页。

一个情况是共同的,由此推出这个唯一的共同情况与被研究的现象
之间具有因果联系。求同法的公式可表示为:

先行或后行情况			被研究现象
(1) S	A	B	P
(2) S	C	D	P
(3) S	E	F	P
…			

所以,S 与 P 之间具有因果联系

例如,18 世纪俄国科学家罗蒙诺夫写的一篇论文《关于热
和冷的原因之探索》,其中有这样一段论述:人们摩擦冻僵了的
双手,手便暖和起来;人们敲击冰冷的石块,石块能发出火光;人
们用锤子不断地击打铁块,铁块也可以热到发红。由此可以推
出:物体的运动能够产生热。罗蒙诺夫的上述推理正是运用了
求同法。

再给大家举个例子。比如说,小明、小红、亮亮、元元和天天参加
了一次户外烧烤活动,之后都出现了腹泻症状。然后他们就各自回
忆吃了什么。下面是清单:

表2-4-1　五位小朋友在户外烧烤活动中食用的食物清单

	食用的食物					现象 （症状）
	烤玉米	烤羊肉	烤鱿鱼	烤秋刀鱼	烤黄鱼	
小明	*	*	*	*	——	腹泻
小红	——	*	*	*	*	腹泻
亮亮	*	——	*	*	——	腹泻
元元	——	*	*	——	*	腹泻
天天	*	——	*	*	——	腹泻

上面的表格中,"＊"表示"吃过","——"表示"没吃过"。通过表2-4-1我们可以看到,被研究的现象是"腹泻"。诸多食物当中,"烤鱿鱼"是大家都吃过的,所以很有可能是吃了烤鱿鱼导致腹泻。

很多时候我们使用求同法时,只考察了一部分情况,但结论却是普遍性的。因此,这是一种或然性的推理。要提高结论的可靠性,我们需要注意：① 还有没有其他共同的情况;② 是否存在反例,如果有反例,那么结论的可靠性就会下降。

第二节　求异法

求异法又叫差异法,可表述为：如果被研究的现象在一种场合

下出现,在另一种场合下不出现。但在这两种场合里,其他各种情况
都相同,只有一种情况不相同,那么,这个唯一的不同的情况,就是被
研究现象的原因。用公式表示如下:

先行或后行情况			被研究现象
(1) S	A	B	P
(2) -	A	B	-

所以,S 与 P 之间有因果联系。

求异法在科学实验中具有广泛的应用性。人们经常应用求异
法去考察某一现象是否与被研究现象之间存在着因果联系。例
如:美国加利福尼亚大学南部实验站,1980 年和 1981 年两次把中
国杂交水稻种与美国水稻良种进行对比试种。试种的气温、肥料、
水、土壤、管理方法都相同,唯一不同的是种子。试种的结果:1980
年中国杂交水稻的平均每亩收获 737 公斤,美国良种水稻的平均每
亩收获 279.25 公斤;1981 年中国杂交水稻的收获量平均每亩 783.15
公斤,美国良种水稻的收获量平均每亩 279.35 公斤。从对比试种的
过程中可以发现,使用中国杂交水稻种是水稻高产的原因。

小学生的课本中,有很多实验就是基于求异法的。如小学科学二年
级上册"神奇的纸"一课中,一张白纸在其他情况都是相同的,如果是平
的,就支撑不住订书机,而折叠成瓦楞状后,就可以支撑住订书机的重量。

图 2－4－1　小学科学二年级上册"神奇的纸"

求异法的结论同样具有或然性。在运用过程中,应特别注意如下两点:

第一,两个场合中还有没有其他不同的现象。

第二,两个场合中唯一的不同现象是被研究现象的整体原因还是部分原因。

在小学科学课本中,这样的例子还有很多。如三年级上的水温与溶解实验,三年级下的斜坡滑动实验,四年级上的种子发芽实验,五年级上的植物与侵蚀实验,摆的快慢实验,五年级下的水阻力实验,等等,都是基于求异法寻找因果关系。

第三节　求同求异并用法

求同求异并用法又叫契合差异并用法,它是综合应用求同法和求异法而形成的一种独立的探求因果联系的逻辑方法。它的前提考

察被研究现象的两组先行或后行情况,在其中一组情况(称正情况
组)中,共同存在唯一相同的现象,而此时被研究现象也同时出现;在
另一组情况(称负情况组)中,上述正情况组中唯一相同的现象都不
存在,而此时被研究现象也不出现。因此,正情况组中唯一相同的现
象与被研究现象之间存在着因果联系。求同求异并用法的公式是:

先行或后行情况　　　　　　　　被研究现象

	(1)	S	A	B	P
	(2)	S	C	D	P
正情况组	(3)	S	E	F	P
	...

	(1′)	–	A	C	–
	(2′)	–	D	E	–
负情况组	(3′)	–	B	F	–
	...

所以,S与P之间存在着因果联系。

求同求异并用法也是探求因果联系的常用方法之一。例如,人
们在考察经常从事体育锻炼与肺活量大小的关系时,首先考察一组
年龄、性别、职业各不相同但都经常从事体育锻炼的人群,然后再考
察另一组年龄、性别、职业也各不相同但都很少从事体育锻炼的人

群;比较这两组人群的肺活量大小,发现那些经常从事体育锻炼者的肺活量明显比很少从事体育锻炼者要大。于是得出结论,经常从事体育锻炼可使肺活量增大。

应用求同求异并用法,应注意如下两点:

第一,前提的正负情况组中,所考察的情况越多,结论也就越可靠。因为考察的情况越多,出现反例的可能性就越大,就越容易排除考察过程中的偶然现象。

第二,选择负情况组时,除有无 S 这一差别外,尽量让负情况组中其他因素与正情况组相同或相似。因为没有 S 的负情况是无穷多的,这些情况中的多数对所研究的问题并无多大意义,即与正情况组没有可比性。只有考察那些与正情况组相近的负情况,才能得出较可靠的结论。

第四节　共变法

共变法的内容可表述为:在被研究现象发生变化的若干先行或后行情况中,只有一个现象发生变化,其他现象都保持不变,由此推出这个唯一变化的现象与被研究现象之间存在着因果联系。

例如,某年,在英国伦敦举行过一次学术讨论会,内容是讨论船舶遇难而落水的人,在水中最多能坚持多长时间的问题。研究者通过试验发现:

表 2 - 4 - 2　普通人在不同水温中的耐受时间

水温	0℃	2.5℃	5℃	10℃	25℃
普通人耐受时间	15 分钟	30 分钟	1 小时	3 小时	一昼夜以上

这些数据是重要的,它为研究、改进各种保温游泳衣,从而使人们在冷水中可以逗留更长的时间提供了数量上的依据。由此,我们还可以确定水温变化与人在水中坚持的时间的变化有因果联系。共变法的推理形式可表示如下:

先行或后行情况　　　　　被研究现象

(1) S_1　A　B　　　　　P_1

(2) S_2　A　B　　　　　P_2

(3) S_3　A　B　　　　　P_3

…

————————————————

所以,S 与 P 之间存在着因果联系。

运用共变法,应注意以下几点:

第一,各情况中发生变化的现象是唯一的还是另有其他变化的现象。如果发生变化的现象是唯一的,则结论是比较可靠的;如果还有其他发生变化的现象,则已知的变化着的现象可能是被研究现象的全部原因,也可能是部分原因,也可能根本不是被研究现象的原因。这样一来,结论可靠性的程度就会大大降低。

第二,各情况中唯一变化的现象与被研究现象之间的因果联系是单向的,还是互逆的。例如,在研究音叉的振动与空气的振动之间的关系时,把一个振动的音叉放入空匣子里,音叉的振动必然引起匣内空气的振动,而匣内空气的振动又加强了音叉的振动。因此,这两者之间的因果联系是互逆的,音叉振动是空气振动的原因,音叉振动的加强又是空气振动的结果。

第三,现象之间的共变关系一般是在一定的限度之内,超过了这个限度,共变关系就会消失,甚至发生反向共变。例如,在 4℃—100℃之间,水会热胀冷缩,但在 0℃—4℃之间则会热缩冷胀。在一定的限度内,密植可增加水稻的产量,但过分密植则不仅不会增产,反而会减产。

在小学四年级上的科学课本中,关于物体振动大小与声音强弱的关系就可以基于共变法来研究。五年级下册科学课本中研究蒸发速度与温度高低的关系的实验,也是基于共变法。

第五节　剩余法

剩余法涉及的是一个复合现象,前提中所考察的先行或后行情况也是由多个情况组成的复合情况,其推理过程可用公式表示如下:

由 S、A、B、C 组成的复合的先行或后行情况与由 P、X、Y、Z 组成的复合的被研究现象之间存在着因果联系:

A 与 X 之间存在着因果联系,

B 与 Y 之间存在着因果联系,

C 与 Z 之间存在着因果联系,

所以,S 与 P 之间存在着因果联系。

剩余法在科学发现中有着极其重要的作用。1846 年海王星的发现,一直被认为是应用剩余法的一个典型事例。根据牛顿的万有引力定律,科学家能计算出当时已知的各个天体对天王星的影响,从而计算得出天王星的运行轨道。但是,根据天文观察,天王星的实际运行轨道与理论计算的轨道有明显的偏离,这不可能归于观察的错误。由此,科学家推断,一定有一个当时未发现的天体的引力作用导致了天王星的偏离。科学家们计算出了这个可能存在的天体的位置,后来果然在这个位置上找到了这个新星,即海王星。

在运用剩余法时,应注意这样几点:

第一,必须确认由 P、X、Y、Z 共同构成的复合现象是由 S、A、B、C 共同构成的复合情况引起的,而 X、Y、Z 是由 A、B、C 引起的,并且 P 不是由 A、B、C 引起的。如果 A、B、C 是 P 的原因或者部分原因,则结论的可靠性就要大大降低。

第二,引起现象 P 的原因 S 不一定是单一的情况,可能是一个由多个情况构成的复合情况。例如,居里夫人的研究显示,造成沥青铀矿石的放射性远远大于钝铀的放射性的原因并不仅仅是钋,因为即使是把沥青铀矿石中所含的铀和钋的放射强度加起来,也还是小于该矿石的放射强度。这说明,矿石中还含有另外一种放射性元素。经过反复提炼,居里夫人终于找到了这种东西——比钋的放射性还要强的化学元素镭。

以上介绍了探求现象间因果联系的五种方法。在实际推理过程中,人们往往同时应用其中的几种推理,以提高结论的可靠性程度。

扩展阅读

约翰·斯图亚特·穆勒(1806—1873),英国哲学家。从小天资聪颖,3 岁开始学习希腊文;8 岁开始学习拉丁文、几何和代数;14 岁时读完了大部分的拉丁文和希腊文名著。穆勒五法是他在著作《逻辑体系》里提出的,该书影响巨大,后被严复翻译为中文,名为《穆勒名学》。

第五章　悟性推理

本章内容提示

　　悟性推理是介于直觉推理与形式推理的中间形态,是儿童具体推演的基本形式,甚至也是成年人日常推理的基本形式。悟性推理的特点是"悟",既有直觉成分,又有理性思考,成人与儿童悟性推理的区别仅在于理性和直觉成分比例的变化。

第一节　从判断到推理

　　前面说过,推理是由判断组成的,判断是由概念组成的,受教儿童学会概念化的知识之后,现在可以学习判断的知识了。

　　判断是由概念组成的一种思维形式。先看下面的例子:

　　1. 所有鱼(都)是水生动物。

2. 海豚不是鱼。

3. 海豚是哺乳动物。

4. 有的小学生是女孩。

5. 元元是景山学校的学生。

这 5 个判断都是由两个概念组成的：例 1 的两个概念是"鱼"和"水生动物"，例 2 是"海豚"和"鱼"，例 3 是"海豚"和"哺乳动物"，例 4 是"小学生"和"女孩"，例 5 是"元元"和"景山学校的学生"。一个判断中前后两个概念用"是"或者"不是"连接，表示肯定或者否定。例 4"小学生"前面有"有的"两个字，表示不是所有的小学生；例 1"所有"表示"都是"；例 2 和例 3 没有"所有"二字，也是指"所有"。"有的"和"所有"都是对前一个概念的数量限制。此外，我们前面说到的定义都是判断，但不是所有的判断都是定义，因为定义中前后两个概念在外延上为等于关系，而判断则未必如此。

判断公式可以简单地写成：

$$S—P$$

S 和 P 都表示概念。如果说得具体一些，可以写成：

$$(所有,有)S 是(不是)P$$

"所有"和"有"是 S 的数量词,"是"和"不是"是 S 和 P 的联接词。这个公式所表示的实际是四种判断:所有 S 是 P(全称肯定判断,简记为 SAP)、所有 S 不是 P(全称否定判断,简记为 SEP)、有 S 是 P(特称肯定判断,简记为 SIP)和有 S 不是 P(特称否定判断,简记为 SOP)①。

在 S—P 结构的判断中,S 指对象事物,P 指对象事物 S 具有 P 性质。这一类判断叫作性质判断,比如例 2"海豚不是鱼"和例 3"海豚是哺乳动物",前者说海豚不具有鱼的性质,后者说海豚具有哺乳动物的性质;前者是否定判断,后者为肯定判断。

除性质判断之外,还有关系判断。关系判断是对事物与事物之间的关系的判断。例如:

元元是方方的哥哥。

该例像是性质判断,实际是说元元和方方之间有兄妹的关系。其他如"爸爸""妈妈""兄弟姐妹"等也都是关系。关系判断的公式写成:

$$R(a,b)$$

大写 R 表示关系,小写 a 和 b 都是概念,表示两个有某种关系的

---

① 黄华新、徐慈华、张则幸:《逻辑学导论》(第三版),杭州:浙江大学出版社,2021 年,第 86 页。

事物。公式的意思是说,a 和 b 之间具有 R 关系。性质和关系都是
事物的属性。

如果说概念是用单词(如鱼、海豚)和短语(如水生动物、哺乳动
物、景山学校的学生)表达的,那么判断都是用句子表达的。所有的
判断都是句子,但不是所有句子都是判断。例如:

杭州是大城市吗?

元元,快来!

前例表示疑问,后例表示命令。就这两句话而言,杭州是不是大
城市呢? 元元是不是快来呢? 说话人没有断定,所以不是判断。

判断的形式[S—P,R(a,b)]是很严格的,而用句子表达判断却
是非常灵活的。一个判断可以用不同的句子来表达。例如:

海豚不是鱼。

并非海豚是鱼。

不能说海豚是鱼。

说海豚是鱼,是错误的。

表达的都是同一个判断,即:所有海豚(都)不是鱼(所有 S 不
是 P)。

与此相反,一个句子也可以表达不同的判断。例如:

鸡不吃了。

这个句子可以表达两个判断：

鸡不吃食了。

我不吃鸡了。

究竟说话人表达的是哪个判断，听话人要根据具体的语言环境才能判定。

句子表达判断的灵活性还表现在联结词"是"和"不是"以及数量词"所有"和"有"的处理上。例如：

海豚，哺乳动物。

客人来了。

两例都没有联结词"是"，但都表达肯定的判断，它们的判断形式仍然是：S 是 P。前例还省略了表示数量的"所有"，判断结构仍为"所有 S 是 P"。后例在很多情况下表达的是"有 S 是 P"，属于"有"的省略。比如有人敲门，孩子开门时喊道："爸爸，客人来了。"表达的意思就是"有客人来了"，而不会是"所有客人来了"。

我们说"判断要恰当"，实际上形成恰当的判断一般都有一个推理的过程。因为恰当的判断通常都有比较充分的理由，即"因为"，

"因为"就是前提,那个判断实际上就是"所以",即推理的结论(概念化的过程往往也是推理,甚至是很复杂的推理)。

"判断要恰当"还有另一层意思,即只有判断恰当才能组织有效的推理。一个合乎逻辑的推理,必须建立在恰当判断的基础之上,而恰当的判断又必须以明确的概念为基础。所以说,概念要明确,判断要恰当,推理要符合逻辑规则,这才是学逻辑的基本要义。

有了明确的概念和恰当的判断,就可以按照逻辑规则进行推理了。例如:

> 所有鱼都是水生动物。
>
> 娃娃鱼是鱼,
>
> 所以,娃娃鱼是水生动物。

推理公式为:

$$MAP$$
$$SAM$$
$$\therefore \ SAP$$

MAP、SAM 和 SAP 都是判断,组成判断的 M、S、P 都是概念。M 叫作中项,S 是小项,P 为大项。MAP 为大前提,SAM 是小前提,SAP

是结论。∴ 即是"所以"。公式中的 A 为"所有,都是"。这个推理就是人们常说的"三段论"。三段论的类型和推理将在下编中详细介绍。

人物介绍

亚里士多德(Aristotle,前 384—前 322),古希腊人,柏拉图的弟弟亚历山大大帝的老师,古代最博学的人。亚里士多德是西方逻辑学的创始人,后人把他的逻辑著作结集在《工具论》一书中。亚里士多德对逻辑最突出的贡献就是"三段论"。

三段论的推理属于简单判断的推理,除此以外还有复合判断的推理。例如:

如果你是学生,那么你应当认真读书。

元元是学生,

所以,元元应当认真读书。

推理公式是:

$$p\rightarrow q$$
$$p$$
$$\therefore q$$

读作 p 蕴涵 q,并且 p,所以 q。p 和 q 都是判断而不是概念。(小写字母 p、q 等表示判断,大写字母 S、P 等表示概念,运用时千万不能混淆哦!)这是复合判断推理中的"如果"推理。此外,"或者""并且"等判断的推理也属于复合判断推理。

教学提示

"如果"推理是复合判断推理中的典型形式。"如果""并且""或者"等推理都有形式变化,可以推出一些正确或错误的结论。

简单或复合判断推理的形式系统都属于形式推演。

第二节　悟性和悟性推理

哲学书上通常把人们的认知过程分为感性和理性两个阶段:前者为感知和表象阶段,后者即形成概念、进行判断和推理的逻辑思维阶段;前者是认知的初级阶段,后者为高级阶段。这是认知的"两阶段说"。可是哲学界有人认为,在感性和理性两阶段之外还存在一个"悟性"(或称"知性")阶段。悟性是高于感性、低于理性的中间环节。

大班至初小阶段的儿童的具体推演是在直觉推理的基础上发展起来的,具有形式推理的某些特征,但还不是典型的形式推理,它是直觉推理和形式推理的中间环节,即悟性推理。初小儿童的悟性推理体现为具体推演,既是幼儿阶段直觉推理的延伸,又是向高小阶段形式推理的过渡。当然,悟性推理并非为儿童所独有,它也是成人常用的推理形式之一。成人的悟性推理大体就是那种"凭直觉"的推理,既有理性成分,也有感性因素。

问题与思考

有许多极其重要的思想或理论却被人们忽略了,悟性推理就是一例。一个人从幼小到老年使用的推理绝大多数属于悟性推理(我们不妨反思一下是否如此),可是有多少学者认真研究过悟性的推理呢?(中国学者讨论得多一些,禅宗是其极致。)

任何推理都有前提和结论,悟性推理当然也有前提和结论,只是依据哪些前提和什么样的规则推出结论,这个过程是模糊而不清晰的(比直觉推理清晰,但不及形式推理),因此我们说,悟性推理就是一种过程不清晰的推理,这种"不清晰"的原因是悟性推理在理性的思考中包含有直觉的感知。

先看下面的例子:

> 澳大利亚小男孩约翰尼好像有点傻。他的朋友们拿出两枚硬币,一枚外形大的是 1 澳元,一枚外形小的是 2 澳元,任他挑选,告诉他说:你想要哪一个,便可拿去。约翰尼拿走了那枚大的。从此朋友们只要想戏弄他,便会拿出大小两枚硬币,他总是拿走大的。有一天,一个大人告诉约翰尼:那枚大的是 1 澳元,小的是 2 澳元,你应该拿小的。约翰尼说:"这我知道,可是我拿了小的,他们还会让我挑选几次呢?"

其实小约翰尼很聪明,他的推理结论是:我只拿大的,就可以不断地得到一澳元。小约翰尼的推理应该是很复杂的,有直觉感知也有理性思考,但究竟有哪些前提,应用哪些推理规则,大概他自己甚或逻辑学家都难以说得清楚。因此我们说,小约翰尼的聪明结论是"悟"出来的。

初小阶段儿童由于处在具体推演时期,推理过程难免含有一些直觉的成分,因此有赖于悟性。比如,他们往往因为老师的一句批评就不满意这个老师,放松了这门功课的学习,或者因为听到老师赞扬他在某个方面具有天赋,他会相信老师的话而加倍努力,后来真的成为这个领域的专家。他们往往根据自己的某一点感受决定对家里人的好恶态度,或者由于某个误会就同好朋友闹别扭,甚至大打出手。这些都与悟性推理中的直觉因素有关。

再看下面的例子:

> 甲和乙是两个不相识的大学生,某日在食堂同一餐桌上吃饭。甲问乙:"你戴表了吗?"乙掏出手机,说:"5:40。"甲说:"谢谢!"

这是成年人的悟性推理,甲给乙提供的前提信息甚少,而乙居然推出了正确的结论,推理过程自然是不清晰的。不过成年人的悟性推理,通常不是由于"不能够"理性化,而是"不需要"。

悟性推理是直觉推理的延伸,自然也有演绎、归纳和类比三种类型。类比推理只注意到两个事物之间的相似性,对于它们的相异性就不清晰了,正是这种"不清晰"使得类比推理的结论只是或然而不是必然为真的。归纳推理也只归纳了 N 个对象"S 是 P",那么多于 N 个的 S 是不是 P 呢?推理者就不清晰了。同样由于这种"不清晰"使得归纳推理的结论也只是或然而不是必然为真的。至于演绎推理,它的前提本来应当是清晰的,但由于推理中存在直觉成分,同样使得前提不清晰起来,因而结论同样变成或然而不是必然为真的了。前提不清晰以及结论的或然性正是悟性推理的两个根本性的特征。

那么,有没有其他类型的悟性推理呢?美国逻辑学家皮尔斯提出一种叫 abduction 的推理很值得我们关注。皮尔斯认为这种推理

是科学研究和日常生活中最重要的三种推理之一,另外两种即归纳
(类比可以归入归纳)和演绎。

"abduction",我们翻译为"溯因推理",这个"因"不只是"因果"
之"因",更是"因为"之因。溯因推理的含义是:C 被观察到,假如 H
是真的,C 就是"当然之事",因此有理由假定 H 是真的。例如,房间
电灯突然不亮了,这是我们观察到的事实,于是我们假设因为"跳
闸",如果跳闸是真的,那么电灯不亮就是当然之事。推理形式是:

$$C$$
$$H \rightarrow C$$
$$\overline{}$$
$$\therefore \ H$$

这样的结论自然是或然性的。这个推理很容易被看成演绎推理
中"如果"的肯定后件式$(p \rightarrow q) \wedge q \rightarrow p$,但如果它是演绎推理,那么
演绎推理就要判它为错误推理式(误可能为必然),但它不是演绎推
理而是溯因推理($\rightarrow$只表达 H 与 C 之间的关联),这样演绎规则就管
不着它了。

人们在日常生活乃至科学研究中确实经常用到溯因推理,皮尔
斯说它是创造新知识唯一的推论形式,不像演绎推理只是重复前提
的知识,归纳也只有归类的作用。溯因推理与直觉观察相关,也是前
提不清晰、结论是或然而非必然的。所以溯因推理属于悟性推理,甚

至是悟性推理的首选。在儿童的逻辑思维训练中,培养儿童的悟性
推理是离不开溯因推理的。

教学提示

> 下面这部作品典型地应用了溯因推理,可作教学参考:
> 方慧珍、盛璐德:《小蝌蚪找妈妈》。(另有水墨动画片
> 《小蝌蚪找妈妈》)(详见附录二)

悟性推理有顿悟和渐悟的区别。顿悟是突然间"悟"出来的;渐
悟是一步步悟出来的。先说顿悟。且看下面的故事:

从前有一个聪明的国王,他得到一颗硕大的珍珠,那珍珠圆
润晶莹,一个小孔弯弯曲曲通向珍珠的另一头,一共九道弯,名
叫九曲珠。聪明的国王想用丝线穿过小孔,把九曲珠挂起来随
时赏玩,可是想不出办法通过这九道弯。他把这件事交给一位
聪明的大臣,聪明的大臣也苦无良法。大臣有一个九岁的聪明
儿子,儿子看到父亲愁眉苦脸,满腹心事,就问父亲因何苦恼,父
亲不得已把事情告诉了儿子,聪明儿子同样想不出办法。那天
早上,儿子在门前大树下想心事,一边看蚂蚁上树,无意间看到
一只蚂蚁从树身的一个缝隙钻进去,却从另一个缝隙钻了出来。
儿子突然间大喊一声:"啊哈,有办法了!"

这个九岁的聪明孩子想出了什么办法呢？他把一条丝线拴在蚂蚁的一只脚上，让蚂蚁从小孔进去，拖着丝线从另一小孔出来。办法就这么简单！他成功了。

这个九岁的聪明孩子经过苦思冥想，突然间借助外物的启发推出了结论。这就是顿悟。

实例添加

> 一位老婆婆有两个女儿，一个嫁给卖鞋的，一个嫁给卖伞的。每逢雨天，老婆婆想到大女儿卖鞋生意不好，她就哭；每逢晴天，她又想到二女儿卖伞生意不好，她也哭，于是人们叫她"哭婆"。有一次，一个和尚告诉她，你应当晴天想着大女儿卖鞋生意好，雨天想着二女儿卖伞生意好。老婆婆一想"对呀！"于是就这么想了。老婆婆每天都是笑呵呵的，人们就都叫她"笑婆"了。

在日常生活中，无论成年人或者儿童都经常使用悟性推理，那些"恍然大悟""突发奇想""灵机一动""啊哈，原来如此"之类的心理活动过程，就是顿悟。

顿悟可以区分为大顿悟和小顿悟。牛顿顿悟"万有引力"，是大顿悟；经过苦思冥想，解了一道难解的数学题，猜出一个难猜的谜语，或者下了一着好棋，为小顿悟。当然，还有一些不大不小的顿悟，比如前面说到"九曲珠"顿悟。

至于渐悟，凡是不属于顿悟的悟性推理都是渐悟。例如：

小珂和甜甜两家离得很近，又是同班同学，她们一起上学，一起玩耍，是一对亲亲密密的小姐妹。可是最近不知怎么回事，甜甜总是寻找借口回避小珂，小珂不知自己做错了什么，心里别提有多憋屈了。她们的母亲看在眼里，想在心里，特地为她们安排一次沟通的机会。

经过小珂妈妈多次引导，甜甜终于说出了事情的原委：

"我上次考试没考好，可是小珂考了第一名，同学们都说她很棒，老师也夸她，好像都没有人喜欢我了。"甜甜哽咽着。

"你想考第一名对吗？其实啊，你的对手不是小珂，而是你自己。"甜甜妈妈郑重地说道。

"我自己跟自己过不去？"甜甜感到迷惑。

"对呀，自己小肚鸡肠，看到小珂考试成绩好，心里就愤愤不平。自己没有好心情，学习时不能集中注意力，学习效率就不高，这样能够考第一名吗？"

"不能。"甜甜渐渐平静下来。

"考没考第一名并不重要。"小珂妈妈说，"重要的是在学习过程中不断挑战自己，比自己的昨天有进步，以好的心态面对学习，胜不骄败不馁。"甜甜听得连连点头。

小珂也说："其实你就比我少几分，只要你再仔细些，你会考得比我好。我们一起加油!"小珂和甜甜紧紧地拥抱着,两个小姐妹比以前更亲密了。

甜甜的思想有一个渐变的过程。这里面没有"啊哈"之类的恍然大悟,所以不是顿悟而是渐悟。

第三节　悟性—智力体操

智力体操也属于悟性推理,前提不清晰但结论清晰,虽然只具有或然的性质。然而智力体操又不同于人们日常推理中的悟性推理:日常推理中的悟性推理具有社会实践价值,而智力体操只是一种游戏,用于儿童乃至成年人的逻辑思维训练,就像做体操一样,对锻炼身体有用而对实际的工作和生活没用,也就是说,不具有社会实践的价值。智力体操由于具有趣味性,很受儿童乃至成年人的喜爱,往往吸引很多人尤其是孩子们自愿参加,因而是一种寓教于乐,训练儿童逻辑思维的好形式。

名言·格言

最好的教育是让人没有感到在被教育;最好的训练是让人没有感觉到在被训练。

一、智力故事

智力故事是以讲故事方法进行的一种智力性游戏。凡故事都有情节,智力故事虽然也有情节,但是"醉翁之意不在酒",不强调故事情节,而是通过简单的故事情节来开发人们的智力。例如:

> 狮子大王住在很热的非洲。夏天来了,狮子不停地叫着:"热啊,热啊!"猴子说:"听说在南极有一种很冷的叫作冰的东西。"狮子听了,立刻给南极企鹅写了一封信,请他寄一块冰来。企鹅收到信,说:"啊,大王想要一块冰,太容易了。"于是挑选了一块最好的冰,装在玻璃瓶里给狮子寄去。寄冰的包裹先上轮船,再上飞机,过了很多天,狮子收到了包裹,打开一看,他好奇怪:"咦,怎么是一瓶水?"狮子生气地把包裹退回去,还给企鹅写了一封信。企鹅收到寄回的包裹和信,看到狮子大王在信上写着:"我要你寄冰来,你为什么寄水来?"企鹅连忙把包裹打开:"这明明是冰嘛! 怎么说是水呢?"看着瓶子里的冰块,企鹅也糊涂了。请问,这是怎么一回事呢?

这是个童话故事,故事的主旨在于启发儿童对于一个自然现象的思考:企鹅住在南极,那里的水都结成冰;而狮子居住在热带,冰寄到那里自然就化成水了,而当寄回南极时,又结成冰了。

萌萌算术考了两分。明明说:"这下你爸爸可要收拾你一顿吧?"

你猜萌萌怎么说?

萌萌说:"收拾我? 恰恰相反,我要回去教训他! 全都是他做的。"

一位阿姨和一位叔叔结婚,主持婚礼的叔叔问新郎和新娘:"以后家里谁说了算? 说了算的向前迈一步。"

你猜谁向前迈了一步?

新娘笑眯眯地一动没动,新郎向后退了一步。

这两则幽默故事在于启示儿童:人世间的事物发展是多样性的,真正答案未必就是你最先想到的那个答案。幽默的魔力通常就在于出人意料。

"逻辑博士访问说谎岛"是儿童们最喜欢的智力故事之一。故事说,大西洋上有一个说谎岛,岛上的居民分为两类:一类是君子,另一类是小人,君子总是讲真话,小人总是讲谎话,于是就产生了许多关于真话和假话的推论。"说谎岛"的故事版本很多,笔者这里也有一个故事,不妨用来考考孩子们。

有一位旅游者来到说谎岛的一个部落,他要导游逻辑博士去问问这是君子部落还是小人部落。恰好一个人走过来,博士问:"你是这个部落的吗?"那人回答"我是"。博士回过头来对旅游者说:"这是君子部落。"旅游者问博士:"你知道他是君子还是小人,只问他这么一句话,怎么就知道这是君子部落呢?"

是呀！博士是怎么知道的呢?

"我们先假定这是君子部落。"博士说,"如果这个人是君子,那么他会怎么回答呢?"旅游者说:"君子说真话,他会说他是这个部落的。"博士问:"如果他是小人呢?"旅游者回答:"因为小人说假话,他不是这个部落的,但他也会说自己是这个部落的。"博士说:"这就对了！不管他是君子还是小人,他们都会说自己是这个部落的。这个部落肯定是君子部落了。"旅游者恍然大悟。

博士果然智力超群。如果是小人部落,君子和小人都会说他不是这个部落的。聪明的读者,你弄懂了吗？如果孩子回答不上来呢？你可以耐心地一步步引导他得出正确的结论哦！

拓展阅读

这是一个二难推理:如果 A 那么 C;如果 B 那么 C;A 或 B,所以 C。

二、智力演算

智力演算是一些智力性演算题目,它不像一般算术题那样规范,只要按照规则运算就行。智力演算需要演算者对题目含义有深一层次的认知,避开出题者设下的陷阱。例如:

有人用 600 元买了一匹马,以 700 元的价钱卖出去;然后,他又用 800 元买回来,最后以 900 元卖出。问:在这桩马的交易中,这个人赔了还是赚了?赔了或者赚了多少?

选项:A. 赔了 100 元;B. 收支平衡;C. 赚了 100 元;D. 赚了 200 元;E. 赚了 300 元。

答案:赚了 200 元(选项 D),因为两次交易都赚了 100 元。而很多人都错误地认为只赚 100 元,以为当他用 800 元买回来时已经亏损了 100 元。

一张方桌有 4 个角,用斧子砍去一个角,还有几个角?

树上有 5 只鸟,一枪打下一只鸟,树上还有几只鸟?

答案:一张方桌砍去 1 个角就有了 5 个角(不是 3 个角);树上 5 只鸟,一枪打死 1 只鸟,就一只鸟也没有了(不是 4 只鸟),因为其余的鸟都飞走了。

教室里 25 张桌子,20 条凳子,问老师几岁?

选项:A. 不能计算;B. 25+20=45。(即老师 45 岁)

这是一所小学二年级一道算术试题,答案是 A,不是 B。这道题唤起社会各界的广泛兴趣,在被测试的人群中,包括大学生,很多人选择 B,理由是试题必然有解。实际上,数学精神就在于求真,桌子和凳子数目与老师年龄无关,这正是智力认知所要求的。

三、谜语

谜语有谜面和谜底的区别。谜面是显露在表面的话语,供人猜测的部分;谜底是谜语的答案。就推理而言,谜面是前提,谜底是结论。谜语有物谜、字谜等等。例如:

1. 远观山有色,近听水无声,春去花还在,人来鸟不惊。

2. 小小诸葛亮,独坐中军帐,摆下八卦阵,专捉飞来将。

3. 麻屋子,红帐子,里面躺个白胖子。

4. 小时白,老来黑,戴帽子睡觉,脱帽子干活。

5. 一宅分为两院,五男二女成家,两家打得乱如麻,打到清明方罢。

以上是物谜。答案:1. 山水画;2. 蜘蛛;3. 花生;4. 毛笔;5. 算盘。

1. 上不在上,下不在下;天无它大,人有它大。

2. 半放红梅。

3. 一字九横六直,天下文人不识。有人去问孔子,孔子想了三日。

4. 哪个字有 10 个哥哥?

5. 双木不成林。

以上是字谜。答案:1. 一;2. 繁;3. 晶;4. 克;5. 相。1—3 为析形,主要方法是离合、增减字形。4 为会意,意思是 10 个兄长。5 是谐音,木和目谐音。

四、脑筋急转弯

脑筋急转弯类似于谜语,有类似于谜面的"语表"和类似于谜底的"语里",但它主要是利用对方心理上思维定式的错误,把对方诱入陷阱,以致百思不得其解。例如:

1. 冬冬爸爸的牙齿非常好,可是他经常去口腔医院。为什么?

2. 明明是公安局局长的儿子,可是明明怎么也不承认这个公安局局长是他爸爸。这是为什么?

3. 妞妞的妈妈生了三个孩子,老大叫大毛,老二叫二毛,老三叫什么?

4. 南来北往两辆汽车开上了一座桥,这座桥只能通过一辆汽车,它们怎样开过桥去?

5. 怎样用蓝笔写出红字来?

答案：1.冬冬爸爸是牙医；2.公安局局长是明明的妈妈；3.老三叫姐姐；4."南来"和"北往"是同一方向；5.写出"红"这个字。

智力体操的方式很多，只要能够启发人们智慧的游戏都可以看成智力的体操。而这些智力体操的创作更可以看成智慧的体现。请看下面的例子：

在一次餐会上，有人一边吃着花生米，一边问："你们知道大米的妈妈是谁吗？"这是一道有趣的智力题，大家七嘴八舌议论开了。有人看到出题的人在吃花生米，恍然大悟，说是"花"，因为"花生米"。"妙！"人们赞赏着。有人问："大米的爸爸呢？"题目有点难度。经过思索，有人说是"蝴蝶"，因为"蝶恋花"。（"蝶恋花"为词牌名）有人说"妙！妙！"于是有人编排了大米的弟弟是小米，姐姐是糯米，妹妹是玉米。有人又提出了问题："那么大米的外婆是谁呢？"又一道难题引起大家的思考。有人说是"笔"，因为"笔生花"。大家说着笑着，热闹非常。

这是一次智力体操的集体创作，十分精彩。

2013年元宵晚会，郭德纲说的相声受到观众的热烈欢迎。其中一段是：

甲(郭德纲):你知道青蛙为什么会飞?

乙:青蛙会飞吗?

甲:这只青蛙会飞!

乙:为什么?

甲:因为它吃了神奇小元宵。神奇小元宵是神仙吃的,吃了神奇小元宵就会飞。

乙:原来如此!

甲:你知道蛇为什么会飞吗?

乙:蛇也吃了神奇小元宵。

甲:你错了。蛇吃了那只青蛙。

乙:啊,是这样!

甲:你知道老鹰为什么会飞?

乙:我知道了!老鹰吃了那条蛇。

甲:你又错了。老鹰本来就会飞。

这段相声说的是元宵节猜灯谜,实际上类似于脑筋急转弯,利用对方的思维定式使得对方一再猜错,让观众笑声不止。

2011年春节,元元一家去夏威夷度假。在飞机上,爷爷给元元出了一道智力题:年年春节都有一个年初二,而且只有一个年初二。对吗?元元点点头。爷爷说,可是今年我们过两个年初二。这是怎么一回事?元元因为不具备相关知识,没有回答上来。坐在旁边的爸爸笑了,他告诉元元"时差"的概念,说是明天到达夏威夷,夏威夷还是在过"年初二"。

这也是智力体操即兴创作的一例。

智力体操是训练儿童逻辑思维的好形式,作为家长或老师,不仅要引导儿童参与智力体操游戏,还可以引导他们参与智力题的创作,训练他们创造性思维的能力。

拓展阅读

　　智力题自古以来就是人们训练逻辑智力的一种形式。例如"中国古典智力游戏三绝"的七巧板、九连环和华容道,日本的"藏盗问题",印度的"河内塔问题",古希腊的"斯芬克斯之谜"。其他如一笔画、渡河问题、"断金链问题"等,都是脍炙人口的智力问题。当代一些国家训练儿童逻辑思维的教材汇编了适合各个年龄段的智力题。智力题因有无穷的魅力而受到儿童乃至成年人的喜爱。

第四节　悟性推理的局限性

儿童的悟性推理是由直觉推理向形式推理过渡的具体推演,由于存在某些具体性(直觉性),因而具有明显的局限性。而这样的局限性会直接影响到推理结论的正确性,不能不引起推理者和推理教育者的充分注意。

请看下面三张图片:

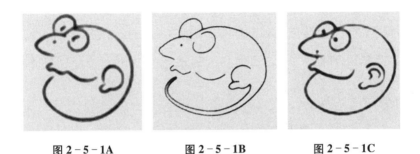

图2-5-1A   图2-5-1B   图2-5-1C

有人问:图2-5-1A画的是什么?甲说是只老鼠,即图2-5-1B;乙说是个老人头像,即图2-5-1C。甲和乙都是在进行悟性推理:图2-5-1A为甲乙二人提供了推理的图像前提,甲和乙根据各自的直觉和思考,甲推出是老鼠,乙推出是一个老人的头像,区别就在于各人"悟"的差别,它不同于形式推理那样的纯理性推理。

悟性推理的局限性主要有以下两点:

1. 理由不充分

悟性推理的局限性之一:理由不充分,主要来源于推理中的直觉成分。按照皮亚杰的说法,"具体运演始终与动作相联系,而给动作以逻辑结构",当然,这并不意味着"不依赖于动作而构成逻辑推理的可能"①。作为具体推演的悟性推理或许并不那么依赖于动作感知,然而直觉毕竟是现象性的,依然是"由表象把现实同化于其中的一些反应图式",尽管悟性推理有理性的参与,但其中的理性是不完全的,无法形成充足的理由,因而不能必然地推出结论。

从逻辑对推理的要求来说,正确推理的首要条件就是前提真实而且充分,悟性推理做不到这一点,以致直觉感知的前提缺乏充分的理性依据,理性思考也未必周到,因而表现为"理由不充分"的逻辑错误。

2. 过程不清晰

悟性推理的局限性之二:过程不清晰,给人一种神秘感。过程不清晰源于悟性推理的"悟性"。悟性是介于感性和理性之间的思维形态,虽然含有理性思维成分,但是推理过程不像形式推理那样经过环环紧扣的程序,而是一种"心领神会"的心理活动,因而难免存在不清晰的现象。这样的逻辑错误就叫作"过程不清晰"。

具体说来,悟性推理的过程不清晰,一是由于前提缺失,推理者压根儿就不知道存在某个或某些必要前提;二是由于存在内隐前提,比如省略、情境假设等等,其中有些内隐成分是分析不出来或者很难分析出来的,比如模糊命题、情感前提,大多说不清道不明,全凭"心领神会",这样就难免过程不清晰。

---

① [瑞士]皮亚杰著,洪宝林译:《智慧心理学》,北京:中国社会科学出版社,1992年,第150—151页。

悟性推理这两个局限性导致推理结论的不确定性,也就是说,悟性推理的结论只是可能为真而不是必然为真的。比如那个聪明男孩穿过九曲珠孔的推理,看来必然性程度很高,但其真假如何还是要看实践的结果:如果实践成功,结论为真;如果由于某种原因实践失败,则结论为假。

作为具体推演的悟性推理属于"快"思考,而相对于具体推演的形式推演则属于"慢"思考。悟性推理由于忽略推理必需的前提和清晰的推理过程,快则快矣,却不能保证结论必然为真。形式推理步步为营,稳扎稳打,结论才具有必然的真实性。

问题与思考

> "快"思考和"慢"思考与顿悟和渐悟并非是相对应的。顿悟和渐悟都属于快思考。可是顿悟不是常常有一个"百思不得其解"的过程吗?渐悟更是慢慢地才"悟"明白的呀!其实"快"思考和"慢"思考的区分不在于消耗时间的多少,而在于是否按照严格的推理步骤,能不能保证结论必然为真。"快"思考是直觉性和随想型的思考,而"慢"思考则是一种"按部就班"的思考方法,不允许任何一个步骤出现差错,比如纯形式推演。

第六章　话语的逻辑

本章内容提示

　　话语的逻辑推理属于悟性推理,在初小学生那里也就是具体推演。本章主要介绍省略、"话中话""言外意"以及修辞式推论。

第一节　省　略

　　就话语和思维的关系来说,话语是思维的表达,话语的逻辑体现了思维的逻辑,但话语形式并不等同于思维形式。思维形式即逻辑形式,一般说来是很严格的,而话语的表达形式则是非常灵活的,想怎么说就怎么说,只要达意就行。

　　在人们的日常推理中,话语表达推理一般都要求简洁明了,避免啰唆重复,在不致误解的情况下舍弃那些可以不说出来的话语成分,这就是"省略"。

拓展阅读

> "省略"表达的依据是"语境"。语境即语言环境,通常指上下文,广义语境还包括社会环境。

推理作为一种逻辑形式,必须具有前提和结论,而且还有联接词和限制数量的词语。比如前面说到的"三段论":

> 所有学生都要好好学习,
>
> 所有小学生都是学生,
>
> 所以,所有小学生都要好好学习。

如果我们有人总是这样说话,啰里啰唆、重复,那不是烦人吗?所以人们用话语表达这个推理时总是采取某种省略形式,用以取得良好的交际效果。例如:

> 1. 学生都要好好学习,所以小学生要好好学习。
>
> 2. 小学生是学生,所以要好好学习。
>
> 3. 小学生要好好学习,因为小学生也是学生。
>
> 4. 所有学生都要好好学习,小学生也是学生嘛!

5. 所有学生都要好好学习,小学生就不要好好学习了吗?

例1省略小前提"所有小学生都是学生",省略大前提和结论中的"所有"以及结论中的"都"。("所有"和"都"都表示全称量限词,逻辑上只需一个就行了,语言表达时常常连用表示照应。)例2省略大前提,省略小前提和结论中的"所有""都",结论还省略主项"小学生"。例3结论在前,前提在后,省略了"所有""都",前提句添加"因为"和"也"。例4为感叹句,句末有感叹语气词"嘛",省略结论,小前提省略"所有""都",添加"也"和感叹词"嘛"。例5为反诘句,省略小前提,结论句省略"所有""都",改为反诘语气"就不……了吗",表反问。这些三段论的表达简洁明了,让听话人听得清楚、明白,而且轻松。当然,还可以有别的表达方式。由此可见,推理和推理的话语表达并非同一件事情:推理的逻辑形式是非常严格的,而推理的话语形式则是非常灵活的。

再看下面的例子:

有甲乙二人在公交车站等车,当一辆公交车开到时,甲说:"来了。"乙说:"上车。"

对话就这么简单,但却表达了一个叫作"假言推理"的推理。这个假言推理(即"如果"推理)的语言形式应该是这样的:

如果车来了,我们就上车。

(车)来了,

所以,(我们)上车。

由于两个人心意相通,对于推理的前提和结论你知我知,推理的话语表达就变得非常简单:两个人各讲了两个字,一共只有四个字。

还有这样的句子:

天黑了,还去干吗?

这是个疑问句,好像连判断都没有,又哪来的推理呢?其实它也是话语对推理的一种省略表达。说话人的意思是说:因为天黑了,所以你不必去了。凡是含有或暗含有"因为""所以"的语句都是推理。

话语省略的推理,有时候不仅为了简洁明了和"省力",甚至还有别的好处。例如:

汉朝时有一个孩子叫孔融,人们都夸他很聪明,有一个人却说:"小时候聪明,长大了未必成才。"孔融说:"看来你小时候聪明。"说得那个人很不好意思。

原来小孔融这个推理是：

> 如果小时候聪明，那么长大了未必成才，
>
> 你长大了不成才，
>
> 所以，你小时候聪明。

小孔融主要涉及的是溯因推理的形式，利用那个人的话为前提，自己的话是结论，省略前提是"你长大了不成才"。由于这个前提人人心里能推理，所以那个人非常尴尬。小孔融没有说出前提比说出前提更好，让人们更加认为小孔融聪明可爱。

省略句推理属于悟性推理。这是因为省略句固然"简洁"，但未必句句"明了"。有些省略句往往导致语境模糊，推理过程不清晰，以致结论错误。请看下面的例子：

> 周末，爸爸还在睡觉。有人敲门，门开了，妈妈忙对 3 岁的女儿说："快！去叫爸爸!"女儿望着妈妈，迟疑了一会儿，怯生生地走上去，叫了一声："爸爸!"客人一愣，露出尴尬的神情。

这个例子就是妈妈的话因为省略不当而导致女儿推理错误。如果妈妈说"快！去叫爸爸起床"，就不会发生误解了。

下面说到的"话中话""言外意"和"修辞式推论"，也都可能由于表达不准确而导致推理过程不清晰和结论错误，因此它们也都属于

悟性推理。

第二节 "话中话"

　　人们用话语表达推理并不只是一味地省略,把话说得越简单越好;人们表达推理还有其他许多方式。比如人们常说"话中有话,言外有意",这"话中话"和"言外意"也都是推理的表达方式。这里先说"话中话",下一节再讨论"言外意"。

　　"话中话"推理是指听话人不必依赖于说话的外部情境,只要根据说话人说出来的话语,就能够推出一些结论来。

拓展阅读

　　"话中话"在语言哲学中称为"预设"(presupposition),是德国哲学家弗雷格最先提出来的。他认为一个论断 A 预设 B,B 的存在是 A 有真或假的必要条件。比如"开普勒死于贫困",存在开普勒这个人,"开普勒没死于贫困",也存在开普勒这个人。"存在开普勒这个人"就是"开普勒死于贫困"这个论断的预设,亦即"话中隐语"或"话中话"。

　　先看一段相声:

甲：你打过群架吗？

乙：没有。

甲：你侮辱过妇女吗？

乙：没有。

甲：你掏人家钱包给人家逮住过吗？

乙：没有。——不对，我什么时候掏过人家钱包啦？

乙在回答甲提出第三个问题时，先说"没有"，但很快就发现上当了：就算是没有被人家逮住过，那还不是承认自己掏过别人的钱包吗？所以他赶忙否定自己曾经偷过人家的钱包。其实甲的问话给乙设下了陷阱：你说有或者没有，都承认了自己偷过别人的钱包。这就是"话中有话"。这个推理是：

你偷过人家钱包给人家逮住过，

所以，你偷过人家钱包。

你偷过人家钱包没有给人家逮住过，

所以，你偷过人家钱包。

两个推理的结论都是你偷过人家钱包。所以你不能回答"是"或"不是"，应当回答"我从来没有偷过人家钱包"，这样就不存在是否被人家逮住过的问题，也就不会上当了。俗话说"锣鼓听声，说话听音"，听话得留神，谨防话中有话。

"话中话"推理的依据是话语的恰当性条件,也就是说,如果存在这些条件,这句话就是恰当的;否则,这句话就是不恰当的。例如:

　　1. 那个高个子同学是尚翼。

　　2. 黄老师又表扬崔馨予了。

　　3. 陈北元后悔看错了一道题。

　　4. 赵培源来了。

我们可以从例 1 推出"有个高个子同学";例 2 推出"崔馨予曾经受过黄老师表扬";例 3 推出"陈北元看错一道题";例 4 推出"有一个人(同学)叫赵培源"。这些推出的结论都是句子的恰当性条件;如果没有这些条件,那么这些句子都是不恰当的。如果不存在一个高个子同学,崔馨予从来没有受过黄老师表扬,那么例 1 和例 2 就不恰当,如此类推。正因为这些话都存在恰当性条件,所以根据话语的恰当性条件就能推出某个或某些结论来。这样的结论就是"话中的话"。

在我们说话的话语中,每一句话都有恰当性条件,因此每句话都能够推出"话中话"的结论,而且往往不止一个结论。例如:

　　豆豆在家吗?

这是个疑问句。这个疑问句没有断定豆豆如何如何,本身不是判断,但我们从这句问话可以推出:

1. 有一个人(孩子)叫豆豆。

2. 豆豆有家。

3. 豆豆可能在家也可能不在家。

至少可以推出这几个结论,它们都是这句问话的恰当性条件,如果没有这些条件,这句问话就不能成立。又如:

把书包放下!

这是个祈使句。祈使句也不是判断,但也可以推出"话中的话":

1. 有东西叫书包。

2. 有人背着书包。

3. 背着的书包是可以放下的。

4. 说话人不是背书包的人。

至少可以推出这样四个结论,它们都是这句话的恰当性条件。

"话中话"似乎不必依赖于语境就可以推出必然为真的结论,其实未必。原来"话中话"的推理需要说话人和听话人之间存在某些共识,说话人才能在"话中话"中构建话语,听话人也在同样情境(语境)中推出说话人想要表达的意思。如果听话人没有这样的共识,则推理会因此而导致结论错误(一种误解)。这就是说,听话人是依靠自己的"悟"进行推理的,因此"话中话"同样属于悟性推理。

第三节　"言外意"

　　"言外意"话语推理主要是在字面信息不充分的情况下,也就是在缺少必要前提的情况下,听话人不得不依赖于话语情境(语境)推导出说话人想要表达的意思。这样的推理已经不是"意在言中",而是"意在言外"或者说"言外有意",所以叫它"言外意"推理。

拓展阅读

　　　"言外意"说的就是美国哲学家格莱斯所提出的"会话含义"(conversational implicature)。会话含义作为越出字面意义的意义,通常是根据交际中的合作原则推导出来的言外之意,亦即表面上违反合作原则而实际上又是合作的情况下所传达的意义。

　　先说雷锋的一个故事:

　　有一位大嫂丢失了火车票,雷锋掏钱为大嫂买了火车票,帮她抱着孩子,送她上车。大嫂问:"大兄弟,你叫什么名字? 住在哪里?"雷锋回答说:"我叫解放军,住在中国。"

大嫂的用意是要雷锋说出姓名住址,以便寄还雷锋付出的火车票钱。雷锋的回答显然信息量不足,那么雷锋的话究竟是什么意思呢? 雷锋是说:"大嫂,你就别问了! 我不会告诉你的。"大嫂推出了这个"言外之意",也就明白了雷锋的用意,因此非常感激这位热情的叫作"解放军"的人。

在说话人不需要或者不愿意提供充分信息的情况下,听话人一般都能依据话语情境推出说话人的言外之意。再看下面几个例子:

甲:晚上去看电影《喜羊羊》好吗?
乙:我明天考数学。

乙答非所问,比雷锋提供给大嫂的信息量还要小,然而甲根据情境,认为乙已经回答了他的问题。甲推出的结论是:因为没时间,乙晚上不能跟他一起看电影了。

甲:学生不考试就好了。
乙:天上掉馅饼了。

乙提供的信息更少,甚至完全不相干,但甲心里明白,乙的意思是说:"学生不考试不可能。"这就是甲的推理结论。

　　甲：李小丽老爸是谁？

　　乙：是个男的。

　　乙说的是一句废话，信息量等于零，但甲仍然可以推出：乙不知道也不想知道李小丽老爸是谁，或者是：乙知道也不愿意告诉甲。

　　信息不充分固然需要进行"言外意"推理，有时候信息过剩也会产生"言外之意"，需要进行"言外意"推理。例如：

　　甲：你想去地中海旅游吗？

　　乙：我不是不想去。

　　"我不是不想去"就是"我想去"，那么为什么使用这样的双重否定句呢？这种信息过剩也在于传达"言外之意"。从乙的话可以推出"我没钱"，或者"我没时间""我身体不好"，或者其他。到底结论是哪一个，还需要进一步考察语境条件才能最后判定。

　　"言外意"推理无论是信息不足还是信息过剩，都必须依赖于语境，在语境中寻找缺失或内隐的前提。如果离开语境，那是推不出结论的。例如：

　　哎呀，这么冷！

　　说话人想要表达什么呢？如果在室内而窗子是开着的，可以推出"请关上窗子";如果室内有空调而窗子又是关着的,可以推出"空调温度开高些";如果是在室外,则可以推出"我们回家"或者"我们回到屋里去"。

总之,"言外意"推理的主要根据是外部环境,亦即语境。由于语境的复杂性,"言外意"推理的结论只是可能为真而不是必然为真的。"言外意"推理属于悟性推理。

第四节　修辞式推论

修辞方式很多,这里只说一些常用的语义修辞格,如比喻、借代、夸张、反语、双关等。它们的特点都是字面上不合情理,迫使读者去寻求说写者本来想要表达的意思,从而推出字面以外的结论。这样一些推理称为"修辞式推论"。

拓展阅读

"修辞式推论"是亚里士多德在《修辞学》一书中提出来的。亚里士多德说,"修辞式推论是一种三段论法","如果前提中的任何一个是人们所熟知的,就用不着提出来,因为听者自己会把它加进去"。

1. 比喻

比喻是利用两个事物之间的相似性来传达本来之意,是人们最常用的一种修辞推理。例如:

田格是字的家。

这是元元小朋友上小学一年级下学期时的一个造句,老师批语是"真有趣"。笔者问元元:"'田格是字的家'什么意思?"元元说:"字在田格里就像人在家里一样。"这就是元元所要表达的意思,也就是可以从字面推出的结论。比喻有两种:明喻和隐喻。在"田格是字的家"这个句子中,如果用"像"而不用"是",那是明喻,元元用了"是",所以是隐喻。隐喻的意思隐晦不明,而且表面上不合情理,比明喻还要多一层曲折,因而更需要从字面推出本来意义,即把句子的本意解释出来。此外,这个隐喻还具有形象性、亲和力等审美意义。这就难怪老师和家人都对元元夸说一番。一个一年级小学生能够用隐喻造句,说明儿童不仅会修辞,而且会使用难度比较大的隐喻修辞。比喻推理属于类比推理,即前面说到的利用相似性的推理。

2. 拟人

为了表达的需要,说写者把事物当作人,让听读者通过联想,推出说写者的本来意思,通常叫"拟人法"。例如:

我都两天没去看笑脸花了,再不去她们会伤心的。

这是元元的妹妹方方说的一句话,真的让大人们感慨不已。原来的住所河东花坛种植许多"鬼脸花",方方非常喜欢,把它们叫作"笑脸花",天天都跑去看花,而且一看就是半小时。有一天没去,方方就说了上面的话。方方用的是拟人法,即把笑脸花当作自己最要好的朋友:如果不去看她,她会伤心的。由此推出:方方想到河东去玩。方方把话说得如此委婉曲折,怎不让大人们发一番感慨呢!其实把花说成"鬼脸"或者"笑脸"也都是拟人。孩子是天生的泛灵论者,比大人更容易把花儿比拟为人了。

拟人也存在相似性,但不必看成比喻。不是"笑脸花"和"伤心"有相似性,而是人对花儿的感情和人与人之间的感情有相似性,所以拟人有别于比喻。

3. 借代

借代是借助于密切相关的人或事物代替本来事物的一种修辞格。例如:

叉叉辫跑了。

叉叉辫只是小女孩梳的一种小辫子样式,怎么会跑了呢?原来说话人是用"叉叉辫"代表某个小女孩,听话人因此可以从"叉叉辫跑了"推出：那个梳着叉叉辫的小女孩跑了。

4. 夸张

夸张就是夸大或夸小事物的某个特征，用以传达某种思想感情。例如：

笑死人了。

人怎么会笑死呢？原来是说话人的一种夸张的说法，意思就是某一件事情非常非常好笑，让听话人越想越笑，大笑特笑，笑得前仰后合，直不起腰来。根据情境，这个"本来意义"是不难推导出来的。

5. 反语

反语是用跟本意相反的话语来表达本意。例如：

他真聪明，说小蝌蚪是大蝌蚪生的。

如果单独地看"他真聪明"这句话，那是说话人对"他"这个人的夸奖，可是联系下一句就成了问题：说"小蝌蚪是大蝌蚪生的"人怎么会是聪明人呢？那只能是糊涂蛋。所以这个推理的结论就是：他是个糊涂蛋。

6. 双关

说话人有意地使话语具有两个含义,言在此而意在彼,一语双关。例如:

> 甲:市长,怎么办?
>
> 乙:凉拌。
>
> 甲:什么时候还开玩笑,神经啊!
>
> 乙:我就是神鲸。

这是儿童漫画《疯了!桂宝》上的一段对话。一个巨大的不明飞行物降落在神鲸市的中心广场。市长的话很幽默,幽默源于双关语。前句"凉拌"字面是拌凉菜,实际是说:要淡定,莫惊慌,是"冷静办理"的意思;后句"我就是神鲸","神鲸"的字音虽然也是"神经",但实际是说,我是神鲸市长,心中自有主张。两句话都是谐音双关。

修辞式推论是一种"言外意"推理,而"言外意"推理属于悟性推理,因此,修辞式推论也是一种悟性推理。

第五节　论辩的逻辑

人与人之间常常有意见分歧。有了意见分歧,我们就会尝试去消除意见分歧。理性的论辩是消除意见分歧的重要方式。随着语言使用与逻辑推理能力的发展,儿童的论辩能力也得到了快速的发展。良好的论辩能力,有助于儿童更好地开展有深度的学习和高质量的交流。

那么,论辩到底是什么呢? 论辩是一种理性的社会言语活动,它可以是口头的论辩,也可以是书面的论辩。其目的是用一个或一个以上的理由去支持某个立场,并让理性的批评者心服口服地接受这个立场[1]。例如:

爸爸:又在玩手机,快收掉!

孩子:我作业已经做好了。你总要让我玩一会儿吧。

这个例子中,孩子的立场是:让我玩一会儿手机。支持该立场的理由是:作业已经做好。当然还存在一个未表达的前提:如果作业做好,就可以玩一会儿手机。我们要更好地实施论辩,最好能够对论辩活动的整体结构有一个全面的认识。一个典型的论辩活动,一般由下面五个部分构成:① 论辩的主体,即谁参加了论辩,正方是谁,反方是谁。② 意见分歧,即双方讨论的主题是什么,正方的立场是什么? 反方的立场是什么? 两者是否构成意见分歧? ③ 双方共识,即哪些事实、观点、材料、道理和规则是双方都认同的。这些都认

---

① [荷] 范爱默伦、汉克曼斯,熊明辉、赵艺译:《论证分析与评价》(第二版),北京:中国社会科学出版社,2018 年。

同的东西在论证过程中可以用来支持自己的立场。④ 论证过程，即如何用合理的方式将事实和道理组织起来去论证或反驳某个立场。论证方式指的是演绎、归纳、类比、溯因等能够将材料组织起来的推理形式。⑤ 论辩结果，就是看通过论辩，双方的意见分歧是否消除。初小学生可以围绕"是否要参加课后辅导班""是否要追星""家里劳动给钱好不好""乖孩子是不是就是好孩子"等主题开展辩论。为了更好地实施论辩，我们可以用可视化的方式分析对方的论证和组织自己的论证。

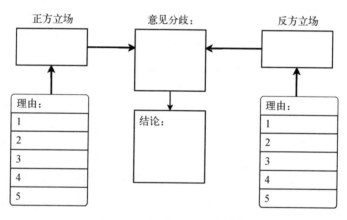

图 2 - 6 - 1　论证结构分析图

我们要看看这个论辩是不是一个可靠的论辩。首先我们要看论辩中所用的前提是不是正确的。如果前提是错误的，那么论证就不成立。其次，我们要看推理形式是否可靠。如果是演绎推理，我们要看这种推理能否保证从真的前提，必然推出真结论来。如果是归纳推理，我们看看是否存在反例。如果是类比推理，我们要研究一下这个类比是否合适。

在日常生活中,论辩是一个非常复杂的过程。为了更好地理解这个复杂的过程,逻辑学为我们提供了很多有用的分析工具。例如,各种推理类型的分析工具、各种言语行为的分析工具、各种语用推理分析工具和各种语境分析工具等①。

---

① 黄华新、徐慈华、张则幸:《逻辑学导论》(第三版),杭州:浙江大学出版社,2021 年,第 243—257 页。

下编

PART III

形式推演：高小阶段

第一章　形式和形式化

本章内容提要

> 形式推演是"形式"而非内容的推理。亚里士多德的"逻辑"是形式的,数理逻辑更是形式的。"形式"不同于"形式化"。亚里士多德逻辑是形式而不是形式化的,数理逻辑是形式,并且是形式化的。

第一节　形式推演的特征

小学高年级学生的思维虽然还离不开具体推演方式,但是已经开始学习和使用形式的推演。这是儿童智力发展的重要时期,因为儿童只有学会形式推演,逻辑思维才可能走向成熟。

形式推演固然是高小儿童逻辑思维发展的新阶段,但是形式推演的方法对于儿童来说倒也并不陌生。形式推演萌芽于幼儿学习数数的时候。当然,儿童会做算术题并不意味着他们步入了逻辑的形式推演阶段,"萌芽"毕竟只是一种新事物萌发的"新芽"。

拓展阅读

亚里士多德逻辑是最早的形式推演理论,经过后人的研究和发展,形成了今天人们所说的传统逻辑。传统逻辑一般包括概念、判断和推理三个部分,以及同一律、矛盾律和排中律三条逻辑基本规律等内容。传统逻辑对于人们的日常思维还是有一定指导作用的,不过在西方的逻辑课堂上一般不再讲授传统逻辑,而是直接进行数理逻辑的教学。

广义的数理逻辑是用数学方法研究思维形式的一门科学。它的符号语言表达思维形式的结构和规律,把对思维的研究转换为对符号的研究,从而克服了自然语言的局限性(比如歧义性),构成像数学那样严格精确的演算。数理逻辑是形式化的逻辑。

形式推演大抵有以下几个特征:

1. 撇开具体内容

形式推演的第一特征就是"形式"——思维的"纯"形式,它完全撇开了思维的具体内容。

那么形式推演又是怎样撇开思维内容的呢?

我们知道任何事物都有形式和内容两个方面,形式是内容的对应物。人的思维也有形式和内容两个方面:思维形式和思维内容,彼此互为对应物。例如:

行星是围绕恒星运转的天体。

地震是地壳的震动。

鲸是哺乳动物。

苹果是水果。

五年级是小学高年级。

这五个例子的思维内容涉及天文、地理、动物、植物和人类教育,思维内容各不相同,而且差异很大,但思维形式却完全一样,都可以写成:

SAP

它们叫作 A 命题(全称肯定命题),意思是:所有 S 都是 P。"行星""地震""鲸""苹果""五年级"和"围绕恒星运转的天体""地壳的震动""哺乳动物""水果""小学高年级"这些具体的思维内容统统被"撇开"了,只剩下"SAP"这个符号公式。"撇开"就是"抽象",即前面说到的逻辑抽象,也就是说,这些各不相同的具体思维内容都被逻辑"抽象"掉了,只剩下"SAP"这个抽象出来的思维形式。这"形式"不是任何具体事物,只是由 S、A、P 三个字母组成的"符号串"。

形式推演就是不以那些具体的思维内容为依据,而是运用"SAP"这一类的思维形式进行的推演。比如:

$$MAP, SAM, \therefore SAP$$

$$PAM, SEM, \therefore SEP$$

$$MAP, MAS, \therefore SIP$$

这三个推理公式分别是三段论的第一格、第二格和第三格的形式推演。(公式中的 M 为中项,S 为小项,P 为大项;A 表示"所有……都是……",E 表示"所有……都不是……",I 表示"有的……是……")三段论根据中项所在的位置不同区分了不同的格。每个格都有自己的用途和要遵守的规则。如第一格叫判断格,主要用于根据一般的情况对特殊的情况做出判断,其大前提必须是全称的,小前提是肯定的。第二格叫区别格,主要用于区别不同的对象,其大前提必须是全称的,前提中至少要有一个否定。第三个格叫反驳格,主要用来推出一个特称命题以反驳全称命题,其小前提必须是肯定的,结论必须是特称的[1]。

---

[1] 黄华新、徐慈华、张则幸:《逻辑学导论》(第三版),杭州:浙江大学出版社,2021 年,第 99—101 页。

我们不妨用下面的具体推演来提供悟性直觉的支持：

所有鲸都是哺乳动物，所有蓝鲸都是鲸，所以所有蓝鲸都是哺乳动物。

所有有生命的地方都有空气，月球没有空气，所以月球上没有生命。

苹果可以生吃，苹果是果实，所以有的果实可以生吃。

即使是直观的理解，这些推理也是正确无疑的。

形式推演似乎有一点儿玄妙，儿童能够掌握这样的技巧吗？当然能够掌握，而且一点儿也不难。例如小姑娘吟吟上小学的前夕，爷爷曾给她出了几个问题，其中有这样三轮问答：

问：上海比深圳（面积）大，深圳比香港大，上海和香港哪个大？

答：上海大。

问：A 哥哥比 B 哥哥大，B 哥哥比 C 哥哥大，A 哥哥跟 C 哥哥哪个大？

答：A 哥哥大吧？A 哥哥大。

问：A 比 B 大，B 比 C 大，A 跟 C 哪个大？

答：A 大。

小姑娘吟吟只经过三次抽象就把"上海""深圳""香港"抽象为 A、B、C，而且完成了 A、B、C 的形式推演。推演的公式为：

$$A > B, B > C, \therefore \quad A > C$$

读作：A 大于 B，B 大于 C，所以 A 大于 C。这是一个传递推理。

说得具体一些，吟吟的三次抽象实际上是三次不同层面的推演：第一次从"上海大于深圳，深圳大于香港"推出"上海大于香港"，为具体推演；第二次从"A 哥哥大于 B 哥哥，B 哥哥大于 C 哥哥"推出"A 哥哥大于 C 哥哥"，是半具体半形式的推演；第三次从"A 大于 B，B 大于 C"推出"A 大于 C"，就是完全的形式推演了。一个还没有进小学校门的小姑娘都能够有序地撇开具体内容进行形式推演，对于小学高年级的大孩子们来说，形式推演何难之有！

2. 以假设为前提

形式推演撇开了具体的思维内容，那么它们的推演又是怎样进行的呢？

形式推演是关于假设的推论，即假设前提为真，然后进行推演。皮亚杰说，儿童在大约 11 岁或 12 岁开始形式推演的行程，需要一种完善的"重组"。这个行程"开始于儿童能以'假设—推论'的方式进行推理的那个时候；开始于他根据一种推论所必需的有效性而并不依据结论与经验相一致的那个时候"①。也就是说,高年级的小学生智力上实现了一次超越,即在推理的时候超越自己的经验,从具体的思维内容抽象出思维形式,在假设这个"形式"前提为真的条件下进行推论。

假设前提为真,可以用"符号三角"给予说明。在符号三角中,那些字母都是符号的形体即符形,它所代表的是一些具体事物,即对象事物,通过符形的中介作用,传达了对象事物相关的信息,即符号解释。由于符形总是代表着具体事物,而具体事物总是有真假的,所以符号或符号串是也总是或真或假的,但是当符号"抽象"掉了具体内容,也就搞不清楚它们的真假了,所以在推理的时候必须假设它们为真,否则无法推出或真或假的结论。

例如小姑娘吟吟那个传递推理,A>B 和 B>C 是前提,吟吟的意思是说,如果 A>B 和 B>C 是真的,那么 A>C 就是真的。这"如果"就是假设。也就是说,只有假设前提为真,推理才是必要和可行的;否则又有什么意思(价值)呢?

我们再以直接推理为例:假设 SAP 为真,亦即"所有 S 都是 P"是真的,据此可以推出 PIS 为真(变形推理中的换位法②),即"有 P 是 S"是真的。有了这样的逻辑公式,我们就可以推出:如果"鲸是哺乳动物"是真的,则"有的哺乳动物是鲸"为真;如果"苹果是水

① [瑞士]皮亚杰著,洪宝林译:《智慧心理学》,北京:中国社会科学出版社,1992 年,第 152—153 页。
② 黄华新、徐慈华、张则幸:《逻辑学导论》(第三版),杭州:浙江大学出版社,2021 年,第 95 页。

果"是真的,则"有的水果是苹果"为真。如此等等。此外,我们还可以根据逻辑矩阵进行对当关系的推理[①]。假设 SAP 为真,那么 SOP(有的 S 不是 P)必然为假,因为 SAP 和 SOP 是一真一假的矛盾关系。

3. 遵循推理规则

形式推演与具体推演的区别,也表现在对待推理的规则上。具体推演的推理者甚至没有推理规则的观念,他们总是在半直觉半理性的思维中迅速得出结论;形式推演者为了实现正确的推理,总是有意或无意地遵循着某种规则。

例如,小姑娘吟吟的推理:A>B,B>C,∴ A>C,就是遵循传递性推理的规则。在事物 A、B、C 之间,如果 A 和 B 有 R 关系,B 和 C 也有 R 关系,那么可以推出 A 和 C 有 R 关系。(R 表示关系,在这道题中即"大于"。)当然吟吟不知道有这条规则,并非有意识地遵循这条规则,她是根据自己的理性认知(不是直觉),不自觉地应用了这条规则。

又如三段论至少必须遵守四项规则:(1)中项在前提中至少周延("所有")一次,否则就要犯"中项不周延"的逻辑错误;(2)在前提中不周延的项在结论中不得周延,否则要犯大项或小项不当周延的错误;(3)两个否定前提不能得结论;(4)前提中有一个是否定

---

① 黄华新、徐慈华、张则幸:《逻辑学导论》(第三版),杭州:浙江大学出版社,2021 年,第 88 页、第 92 页。

的,则结论是否定的。前述三段论第三格"苹果可以吃,苹果是果实,所以有的果实可以吃",只能推出 PIS 而不能推出 PAS。因为"果实"在小前提中不周延(不是"所有"),在结论中也不得周延(只能是"有的",而不是"所有")。如果推出"所有果实是可以吃的",那就是犯了不当周延的错误。

4. 结论必然为真

形式推理也就是通常所说的演绎推理,属于必然性推理,即从真前提必然地推出真结论的推理。与之相对的是"或然性"推理,后者是从真前提不能必然地推出真结论的推理,悟性推理。形式推理的结论是必然为真的,而悟性推理的结论只是可能为真,而不是必然为真的。("可能"或"或然"为真,意思是可能真也可能假,不能理解为一定假;否则或然性推理就没有存在价值了。)这是形式推理和悟性推理的根本区别所在。

要使得推理的结论必然为真,必须以前述几点为必要条件:必须从具体思维中撇开思维内容,抽象出思维形式;必须假设前提为真,即"如果";必须遵循相关的推理规则。只有这样,推导出来的结论才是必然为真的,否则只是可能(或然)为真。

例如,如果我们给出"鲸是哺乳动物"和"鲨鱼不是哺乳动物"两个前提,撇开具体内容,抽象出它的形式,即: PAM(所有 P 都是 M)和 SEM(所有 S 都不是 M);我们假设前提 PAM 和 SEM 都是真实的,然后根据规则:大前提全称(所有 P 是 M);有一个否定前提

（所有 S 不是 M），就可以必然地推出否定的结论：SEP（所有 S 不是 P），即"鲨鱼不是鲸"。这是一个三段论第二格的推理，结论必然为真。

结论必然为真是形式推理最大的特点，也是最大的优点，它能够保证我们的推理正确无误。进入小学高年级的大孩子们必须充分理解这一点，才会进入形式推演的角色，像学习数学那样学习这种必然为真的推演方法，从而提高高阶思维能力。

形式推理必须撇开思维内容，那么怎样理解我们的日常推理呢？日常推理不就是思维内容的推理吗？

其实，形式推理并不是云里雾里的空中楼阁，而是扎扎实实建立在日常推理基础之上，服务于日常推理的一种思维方式，甚至形式推演也是一种日常推理。日常推理包括具体推演和形式推演。

一些没有学过逻辑的人常常认为不学逻辑一样会推理，甚至比学过逻辑的人推得更好，成就更大。其实这是一种误解。没有学过逻辑的人诚然会推理，甚至比某些学过逻辑的人推得更好；但是，没有学过逻辑的人的推理主要是具体推演，虽然也会形式推理，但这不是他们的强项，于是常常会犯这样那样的逻辑错误。本书"前言"部分已经说明了这个问题。

美国心理学家丹尼尔·卡尼曼把人类的思考分为快和慢两种。他说："快思考既包括直觉思维的不同形式，比如专家式的和启发式的，也包括感觉和记忆等所有无意识的大脑活动。"而"按部就班的运算便是慢思考"。"这个运算过程是脑力工作，需要刻意、努力并且有序地进行——这也是慢思考的一个特征。"①快思考的优点是高效率,但容易出现直觉性错误,而这种错误可以通过慢思考的有意干涉而得以避免。我们前面讨论过的悟性推理就是一种快思考,而现在开始讨论的形式推理则属于慢思考。在我们的日常推理中既不可能全部使用慢思考的形式推理,也不可能全部使用快思考的悟性推理,必须快慢结合,既能保证效率,又能保证正确无误。这才是日常推理的应有之义。

由于形式推理是纯抽象的思考,每一个步骤都是必然的推出,都有必然为真的依据,因此必须稳扎稳打,步步为营,容不得任何疏忽大意。所以,只有慢慢地思考,才能按部就班地构建推理程序,保证结论必然为真的性质。当然,待形式推理的技巧熟练之后也可以加快速度,但它仍然要一步步地进行,容不得半点儿急躁情绪。

皮亚杰认为:"形式思维在青年期成熟。青年不同于儿童,他是一个超出现状进行思维,并对一切事物构成理论的人,他尤其以考虑当前不存在的情形为乐趣。"②也就是说,小学高年级儿童的形式推演还只是形式推演的开始阶段,他们的形式推演的技能和技巧一直要到青年时期才能逐渐完善。

---

① [美]丹尼尔·卡尼曼著,胡晓姣等译:《思考,快与慢》,北京:中信出版社,2012年,xxⅡ第4页。
② [瑞士]皮亚杰著,洪宝林译:《智慧心理学》,北京:中国社会科学出版社,1992年,第153页。

教学提示

> 　　传统逻辑讲到许多违反逻辑规则所犯的"逻辑错误",诸如自相矛盾、混淆概念、定义过宽或过窄、划分多出或遗漏子项、"四概念错误"、中项两次不周延、大项或小项不当周延、误可能为必然、循环论证、推不出,等等。在儿童的逻辑思维训练中,结合儿童的实际思维,传授一些"逻辑错误"的知识,对于培养儿童批判性思维是非常有益的。

第二节　形式化的概念

　　"形式"和"形式化"是两个不同的概念。什么是"形式化"?"化"者,彻头彻尾、彻里彻外也。"形式化"就是彻头彻尾、彻里彻外的"形式",是纯形式的推演;而"形式"虽然有形式但未必"化",未必"彻头彻尾、彻里彻外"。在现代逻辑的意义上,形式化就是指数理逻辑所说的"形式系统",而传统意义上的逻辑虽然也叫作"形式逻辑",但它只是"形式"的逻辑,并非"彻头彻尾、彻里彻外"的"形式化"逻辑。

　　真正的形式化推演是一种公理演绎法,简称为公理法。

　　公理法或公理演绎法,是通过建立完全的形式系统来实现的。

具体分为四个步骤：

第一步，给出初始符号，比如 p、q、¬、→等，它们是形式系统的"字母表"，它们在给予解释之前不具有任何意义。

第二步，确定语法规则。语法规则规定了一种程序，根据这个程序，可以判定哪些表达式是本系统中的合式公式，哪些不是。

第三步，确定公理。也就是确定在本系统的公式中不加推导就予以断定为真的那些公式。

第四步，确定推理规则，亦即演绎规则。应用这些规则，使得推理的每一步骤都能保证结论必然为真。

拓展阅读

> 形式化系统中有一种推理，不设定公理，只设推理规则，称为自然推理。当前数理逻辑所传授的形式系统一般为自然推理系统。

下面举一个形式化推演的例子①，用以说明一个蕴涵式必然为真是一步步证明出来的。括号内是推演根据（规则）及说明。

如果天下雨，那么小林就不去游览西湖南线了。或者是天

---

① 黄华新、徐慈华、张则幸：《逻辑学导论》（第三版），杭州：浙江大学出版社，2021年，第76页。

下雨,或者是家务事太多。要是公司里有很多事或者家务事太多,那么小林就不去看电影了。小林现在刚看完电影,所以,小林就不去游览西湖南线了。

这一推理是有效的。现证明如下:

证明:

令:

p:天下雨;

q:小林去游览西湖南线;

r:家务事太多;

s:公司里有很多事;

t:小林去看电影。

则有

(1) p→﹁q   前提

(2) p∨r   前提

(3) s∨r→﹁t   前提

(4) t   前提/∴ ﹁q

(5) ﹁﹁t   (4) 双否律

(6) ﹁(s∨r)   (3)(5) 否定后件

(7) ﹁s∧﹁r   (6) 德摩根律

(8) ﹁r   (7) 合取化简

（9）p   （2）（8）取析否定

（10）$\neg$ q   （1）（9）肯定前件

证毕。

这个例子的结论是"小林不去游览西湖南线"，即$\neg$ q。我们的目标是求得"$\neg$ q"。"$\neg$ q"可以通过前提（1）"p→$\neg$ q"，应用"肯定前件"规则得到，因而需要"p"。而"p"可以通过对前提（3）"p∨r"，应用"析取否定"规则获得，这使我们寻找目标转向"$\neg$ r"。但"$\neg$ r"不可能通过九条推理规则直接得到。为了得到"$\neg$ r"，我们必须应用置换规则。根据双否律，前提（4）"t"，可以置换为"$\neg\neg$ t"，"$\neg\neg$ t"与前提（3）"s∨r→$\neg$ t"，根据"否定后件"规则可求得"$\neg$（s∨r）"；再根据德摩根律求得"$\neg$ s∧$\neg$ r"。至此，就容易看出：只要再应用"合取化简"规则，就可以求得"$\neg$ r"了。

教学提示

> 这个例子如果没有看懂也不要紧，只需对于形式化有个初步印象就可以了。

由于高小学生的思维还处在形式推演的初级阶段，对于他们来说，这种形式系统的演绎方法就有些难度了，所以需要放到青年时期再去系统地学习。一般说来，这种完全形式系统的推演，即数理逻辑，属于大学课程。在西方的一些大学里,数理逻辑为必修的基础课。

形式化是当代最重要的思维方法之一。瑞士籍波兰逻辑学家鲍亨斯基在《当代思维方法》一书中说:"近代方法论的一个最重要成果,是人们认识到在句法层次上操作语言能使思维活动大为方便。这样一种操作方法,叫作'形式化'方法。"①形式化方法是把某一理论用人工语言符号进行陈述,从而把理论变成纯粹人工符号系统的研究方法。数理逻辑作为形式化的逻辑,是逻辑学发展的最高成就。作为未来社会的接班人,少年儿童从小开始学点数理逻辑的基础知识,无论如何是非常必要的。

这样的推演在速度上自然远不及悟性推理那般快捷,所以属于慢思考,即卡尼曼所说:"这个运算过程是脑力工作,需要刻意、努力并且有序地进行——这也是慢思考的一个特征。"②只有这样的慢思考,才能保证推理的结论必然为真。

拓展阅读

数理逻辑的基础理论是两个演算:命题演算和谓词演算,亦即命题逻辑和谓词逻辑。命题逻辑讨论命题间的逻辑关系,谓词逻辑讨论命题内部的逻辑关系。由于谓词逻辑比命题逻

---

① [瑞士]鲍亨斯基著,童世骏等译:《当代思维方法》,上海:上海人民出版社,1987年,第9页。
② [美]丹尼尔·卡尼曼著,胡晓姣等译:《思考,快与慢》,北京:中信出版社,2012年,第4页。

辑复杂得多,从儿童逻辑思维实际出发,本书只讨论命题逻辑的一些简单知识,没有论及谓词逻辑。本节所举形式化演算的例子属于命题逻辑。此外还有四个"论":证明论、集合论、模型论和递归论。

第二章 蕴 涵

本章内容提要

> 所有推理都是基于命题的推理。所有演绎推理都可以转化为蕴涵式。所有正确的演绎推理都是永真蕴涵式,即从前提真推出必然为真的结论,即有效推理。

第一节 命题和命题形式

形式推演是命题的推理,即由命题组成推理,而不是以往所说的由判断组成推理。

这是为什么呢? 我们不是一直在说推理是由判断组成的吗? 为什么在讨论形式推演时却要说是由命题组成推理呢?

那么,什么是命题? 命题和判断又有什么区别呢?

简单地说,命题有真假,但没有断定真假;判断不仅有真假,而且断定了真假。

如果说得具体一些,那就是:

首先,命题是有真假的语句。所有的命题都是语句,但是,没有真假的语句只是语句,不是命题。比如:

1. 海豚是鱼。

2. 海豚是鱼吗?

例1"海豚是鱼"这个语句非真即假,非假即真,也就是说这个语句有真假,所以是命题。例2语句"海豚是鱼吗?"只是一个疑问,没有真假,所以它只是 一个语句,不是命题。

第二,判断是断定了真假的命题。所有的判断都是命题,但是,只有断定了的命题才是判断;没有断定真假的命题只是命题,不是判断。

那么什么是断定呢?"断定"是说话人对说这句话的一种态度,比如确定、不确定、怀疑等都是态度,其中"确定"即是断定,而命题与说话人的态度没有关系。例如:

我认为海豚不是鱼。

这个语句是判断(当然也是命题),因为它确定了"海豚不是鱼"(海豚属于哺乳动物)。句中的"我认为"即表示说话人断定的态度。在日常推理中,人们所使用的命题一般都是经过断定的,代表着说话人各自的观点,所以不必强调"我确定""我认为""我断定"之类的话。比如在日常谈话中,有人说"海豚是鱼",有人说"海豚不是鱼",都是说话人断定了的,亦即对命题"海豚是鱼"表示了自己确定的态度。所以在日常推理中,我们一般说"推理是由判断组成的",而不去强调是不是使用了"断定"性语词。

但是在形式推理中,凡是不含断定性语词的命题,它们只是命题,不必把它们看作判断。(在数理逻辑中判断用符号 ⊢ 表示,如⊢p,读作"断定 p"。)

第三,命题的真假是由客观事实来确定的。从客观事实来说,"海豚是鱼"是个假命题,"海豚是哺乳动物"才是真命题。判断既然是断定了的命题,它也有真有假。比如"我确定海豚不是鱼"的判断为真,亦即真命题;如果有人说"我认为海豚就是鱼",那么判断就是假的,亦即假命题。

在形式推理中,凡是没有经过事实检验的命题,它们就只是命题而不是判断。例如:

外星人来过地球。

"外星人来过地球"这个命题不是真的就是假的,二者必居其一。既然它是个有真假的语句,所以它是个命题。然而外星人到底来没来过地球呢?直到今天科学还不能证实(没有断定),所以这样的命题只是命题而不是判断。只有在某一天,科学证明了外星人来过或者没有来过地球,命题"外星人来过地球"这个命题才会成为判断——真判断或者假判断。

在形式推理中,命题都用一些符号来表示,即命题形式。命题有简单命题和复合命题的区别。简单命题形式除 p、q、r 等字母表示以外,还有 F(a)、∃x F(x)(读作存在 x,Fx)等形式(注意大小写的区别),它们代表着任何有真假的语句,比如"张三是总经理""有一种东西是海豚",等等。而复合命题如"今天天寒并且地冻""明天多云或者下雨""如果海豚是哺乳动物,那么海豚用鳃呼吸",它们的命题形式分别为:

$$p \wedge q$$
$$p \vee q$$
$$p \rightarrow q$$

分别读作"p 并且 q""p 或者 q"和"如果 p 那么 q"。$\wedge$、$\vee$、$\rightarrow$这些联结命题的符号称为命题联结词,所谓"复合命题"就是"命题+联结词"的命题。逻辑的形式推演就是指这些符号的推演或演算。

拓展阅读

命题逻辑也称为"联结词的逻辑"。常用的命题联结词一共有五个,即¬(否定)、$\wedge$(合取)、$\vee$(析取)、$\rightarrow$(蕴涵)和↔

（等值），命题逻辑就研究这五个联结词所联结的命题之间的逻辑演算，即命题演算。而谓词逻辑会进一步研究简单命题的内部结构，如 F(a)、$\exists xF(x)$ 等。

第二节　蕴涵和蕴涵式

形式推演属于符号推演，最重要的一个符号就是蕴涵符号。皮亚杰说，11—12 岁儿童的形式推演开始于能以"假设—推论"的方式进行推理的那个时候，而这种方式是以跟现实无必然关系的单纯假设为基础的。皮亚杰所说的"假设—推论"方式即是蕴涵。

那么究竟怎样理解这种"假设—推论"的蕴涵呢？

"蕴涵"最简单、通俗的说法就是"如果"，或者"如果……那么……"。说得具体、准确一些，"蕴涵"就是"如果"和"那么"之间所具有的那种必然性"假设—推论"的关系。凡是构成"如果……那么……"的语句都是蕴涵命题，蕴涵命题是一种假设，它们有真假，但我们并不"具体地"关心它们的真假情况，只关心"如果"和"那么"之间的逻辑联系，即蕴涵关系，所以这种假设跟现实没有必然联系，只是单纯的假设。这种"假设—推论"方式即是形式推演。

那么，什么是蕴涵式？

蕴涵式是指由"如果……那么……"构成的复合命题形式,即:

$$p \rightarrow q$$

公式中间的符号"→"就是蕴涵符号,是命题 p 和 q 之间的联结词,通常叫作"如果……那么……"或简单地叫作"如果"(或曰"蕴涵")。字母 p 和 q 为命题,p 称为前件,即"如果"分句中的那个命题;q 称为后件,是"那么"分句中的那个命题。公式读作:p 蕴涵 q,或者"如果 p 那么 q"。其逻辑含义是 p 真 q 必真,亦即:如果前件 p 是真的,那么后件 q 必然是真的。

例如:

如果地冻,那么天寒。

这个"如果,那么"语句包含"地冻"(p)和"天寒"(q)两个命题,通过"如果,那么"连接起来。如果命题"地冻"(p)是真的,那么命题"天寒"(q)必然是真的。就 2012 年 12 月 22 日的北京天气来说,大地结着冰冻,室外气温最高零下 3 摄氏度,最低零下 13 摄氏度,果然很冷。因此,这个"如果"句是真的。

不过对于蕴含式"p→q"来说,它只是一种"单纯假设",与具体事实没有关系,它并不管某一天"地冻""天寒"是真是假,它只是说:只要 p 真,那么 q 就必然是真的,仅此而已。这就是纯形式的蕴涵式

"p→q"基本的逻辑特征。

再看下面的例子：

　　　　如果苹果是圆的，那么雪是白的。

　　"苹果是圆的"与"雪是白的"有什么关系呢？不相干！可是对于蕴涵式"p→q"来说，如果"苹果是圆的"是真的，那么"雪是白的"就必然为真。这好像很奇怪，怎么会是这样呢？其实对于形式推理来说，一点儿也不奇怪。形式推理并不管具体内容。它只要前件为真，就可以推出后件必然是真的。这就是形式推演的"德行"——它的极度抽象的本性。就像数学"2+2=4"一样，数学只管纯数字2和2相加跟纯数字4之间的等于关系，它才不管这里的2和4代表的是苹果还是香蕉、梅花、杜鹃花哩！

　　不过在这里，有一个重要问题需要说明白：逻辑原理不同于逻辑应用。

　　形式推理只管形式不管内容，是就逻辑原理说的，而人们日常推理中的形式推演是就逻辑应用或应用逻辑来说的。在人们应用形式理论进行推理的时候，那就不是不管内容，而是从具体内容出发，应用形式理论推出必然为真的结论。比如冬天的一个早晨，你透过窗玻璃看到马路上结着锃亮的冰或者屋檐下的凌锥，你就推出结论："今天天气很冷。"你的推理过程是：你首先想到的是"如果地冻，那么天寒"这个一般知识，即"p→q"，然后根据所看到的"地冻"p，推出

"天寒"q。不管你是否意识到你是应用"p→q,p,所以 q"这个形式推理将"今天天气很冷"这个结论推出来的,但事实就是如此。这是对形式推理理论的应用,不管自觉还是不自觉。所以,日常推理总是思维内容的推理,而不是与内容无关。我们强调形式推理的原理,就是因为不根据形式推演的原理,就不可能保证推理的结论必然为真。所以,在日常推理中,不会出现类似于"如果苹果是圆的,那么雪是白的"这样的"如果"句。

在逻辑上,蕴涵就是推理,推理也就是蕴涵。所有的蕴涵式都可以写成一个推理式,并且所有的推理式都可以写成一个蕴涵式。

先说第一种情况:蕴涵就是推理。因为所有的蕴涵式都是以前件真,后件必真为特征的,所以从前件真就可以推出后件为真,而且是必然的。仍然以"如果地冻,那么天寒"为例,可以写成:

> 如果地冻,那么天寒。(大前提)
>
> 地冻,(小前提)
>
> 所以,天寒。(结论)

推理式为:

$$p→q$$
$$p$$
$$\therefore \quad q$$

这是一个正确推理。

我们说推理就是蕴涵,任何推理式都可以写成蕴涵式。上面这个推理式可以写成下面的蕴涵式:

$$(p{\rightarrow}q){\wedge}p{\rightarrow}q$$

这个蕴涵式的前件为$(p{\rightarrow}q){\wedge}p$[不要忘掉$(p{\rightarrow}q)$的小括弧,其意义与数学相同],包括大前提蕴涵式$p{\rightarrow}q$和小前提$p$,小前提肯定了$p$为真。大小前提之间用"$\wedge$"联结,$\wedge$读作"并且"。这个蕴涵式由于大小前提都是真的,亦即前件p为真,所以蕴涵后件q是真的。整个蕴涵式读作:如果"如果p那么q"并且p,蕴涵q。前件为"如果p那么q"并且p,后件为q,前件真蕴涵后件必然为真。几个并列的前提总是用"并且"($\wedge$)联结,推理的前提与结论之间总是用蕴涵($\rightarrow$)联结的。

教学提示

儿童逻辑思维训练,在幼儿园时期不必告诉他们"什么是逻辑"。初小阶段,可以告诉他们:"逻辑就是研究推理的。推理就是'所以'。"到了高小阶段,则可以说:"演绎推理就是蕴涵。蕴涵就是'如果'。"因为所有必然为真的推理式都是蕴涵式,即"如果"。一通百通,懂得"如果",就懂得了形式推演的全部奥秘。

第三节　蕴涵式的真假

在形式推演中,所有的推理形式都可以写成蕴涵式,而蕴涵式的真假是可以用真值表方法加以检验的。

蕴涵式 p→q 的真值表是:

p	q	p→q
真	真	真
真	假	假
假	真	真
假	假	真

蕴涵式 p→q 有两个命题 p 和 q,p、q 各有真假两种情况,它们的排列组合共四种情况,即 p 真 q 真、p 真 q 假、p 假 q 真和 p 假 q 假。第一种 p 真 q 真,p→q 是真的,比如"如果地冻,那么天寒",地冻真、天寒真,"如果"句就真;第二种 p 真 q 假,地冻但不天寒,因为这种"奇了怪了"的情况不可能出现,所以"如果"句是假的;第三种 p 假 q 真和第四种 p 假 q 假,"如果"句都是真的。为什么地不冻但天寒,"如果"句是真的呢? 因为有时候虽然天很冷却由于某种原因,比如

风大,地没有冻结,但是对于"如果地冻,那么天寒"这句话来说还是真的。又为什么地不冻、天不寒,"如果"句也是真的呢? 当然喽,现在地不冻、天不寒并不能说明"如果地冻,那么天寒"是假的呀! 因为"如果"仅仅是情境假设,假设前件对于后件的一种蕴涵关系,只此而已。(这些话有些拗口,不妨慢慢地理解,但一定要弄明白哦!)

有了这样一个真值表,我们就可以检验任何一个推理是否必然为真的推理。就"如果地冻,那么天寒,并且地冻,所以天寒"的推理来说,它的蕴涵式$(p→q)∧p→q$是不是必然为真呢? 我们不妨检验一下:

p	q	p→q	(p→q)∧p	(p→q)∧p→q
真	真	真	真	真
真	假	假	假	真
假	真	真	假	真
假	假	真	假	真

这个真值表是分步骤给出的。第一步像数学一样先解括弧(这个括弧是必要的,否则容易误解),给出$p→q$的真假值:真、假、真、真,第二行为假,其余为真。第二步给出$(p→q)∧p$的真假值:由于符号"∧"只有前后命题都是真的时候,"并且"关系才是真的,除第一行$p→q$和p都是真的,$(p→q)∧p$是真的以外,其余3行$(p→q)$和p都至少有一个为假,所以$(p→q)∧p$都是假的。第三步给出全

公式(p→q)∧p→q 的真假值:第一行(p→q)∧p 和 q 都是真的,全公式(p→q)∧p→q 自然是真的;第二至第四行前假后真或者前假后假,蕴涵式也都是真的。这样蕴涵式(p→q)∧p→q 就全部都是真值,叫永真式。意思是说,无论命题 p 和 q 是真是假,蕴涵式(p→q)∧p→q 永远是真的,亦即必然为真。

再看下面的例子:

> 如果地冻,那么天寒。(大前提)
> 天寒,(小前提)
> 所以,地冻。(结论)

蕴涵式为:

$$(p→q)∧q→p$$

真值表为:

p	q	p→q	(p→q)∧q	(p→q)∧q→p
真	真	真	真	真
真	假	假	假	真
假	真	真	真	假
假	假	真	假	真

这个蕴涵式是从肯定后件到肯定前件,真假值为真、真、假、真,其中第三行前真后假,蕴涵式为假,所以蕴涵式(p→q)∧q→p不是永真式。它不是一个必然为真的推理。事实上天寒未必地冻。比如某一天虽然在零度以下,但是西北风刮得很猛,天很冷但地未必结冰。

所有必然为真的推理都必须是永真蕴涵式,不是永真蕴涵式就不是必然为真的推理。也就是说,只有永真的蕴涵式才是结论必然为真的推理。这样的推理必须一步步地进行,所以是一种慢思考。只有慢思考才能保证推理正确无误。

教学提示

> 我们说"逻辑就是研究推理的",在儿童学会真值表之后,还可以进一步说:"逻辑就是研究真假的。"这样更能突显形式推演的必然性本质。

第三章　常用蕴涵式

本章内容提要

　　演绎推理即是蕴涵,五个命题联结词"如果,那么""并且"
"或者""并非"和"等值",由它们构成的推理也都是蕴涵式。
本章讨论这五种常用蕴涵式在什么条件下必然为真,什么条件
下必然为假。

第一节　"如　果"

　　复合命题"如果p那么q"的命题联结词为"如果……那么……",
简作"如果"。"如果"命题形式 p→q 是最简单也最典型的蕴涵式。
以"如果"命题为大前提的推理为"如果"推理。"如果"推理有两个
必然为真的蕴涵式:

$$(p{\rightarrow}q) \wedge p{\rightarrow}q$$

$$(p{\rightarrow}q) \wedge \neg q{\rightarrow}\neg p$$

第一个"如果"推理蕴涵式在前一节已经讨论过了。以下是第二个"如果"推理例子：

如果地冻，那么天寒。（大前提）

天不寒，（小前提）

所以，地不冻。（结论）

小前提和结论都是否定的，即从否定后件到否定前件：$(p{\rightarrow}q) \wedge \neg q{\rightarrow}\neg p$。读作：如果"p 蕴涵 q"并且非 q，那么非 p。符号 $\neg$ 表示否定。否定命题的真假值与肯定命题正好相反：肯定命题为真，则否定命题为假；反之，否定命题为真，则肯定命题为假。

这第二个"如果"蕴涵式的真值表为：

p	q	p→q	¬q	(p→q)∧¬q	¬p	(p→q)∧¬q→¬p
真	真	真	假	假	假	真
真	假	假	真	假	假	真
假	真	真	假	假	真	真
假	假	真	真	真	真	真

这个蕴涵式是永真式,所以它是个正确的推理。事实上天不寒,必然地不冻,所以从否定后件到否定前件的"如果"推理是必然为真的。

"如果"推理有两个非必然为真的蕴涵式:

$$(p \rightarrow q) \land q \rightarrow p$$

$$(p \rightarrow q) \land \neg p \rightarrow \neg q$$

第一个"如果"推理的非永真蕴涵式在前一节已经讨论过了。以下是第二个"如果"推理例子:

如果地冻,那么天寒。(大前提)

地不冻,(小前提)

所以,天不寒。(结论)

这是"如果"推理的否定前件式(从否定前件到否定后件)跟肯定后件式(前面已经说到)一样,同为错误式,即非永真式。其真值表如下:

p	q	$p \rightarrow q$	$\neg p$	$(p \rightarrow q) \land \neg p$	$\neg q$	$(p \rightarrow q) \land \neg p \rightarrow \neg q$
真	真	真	假	假	假	真
真	假	假	假	假	真	真
假	真	真	真	真	假	假
假	假	真	真	真	真	真

这个蕴涵式为非永真式,所以它不是必然为真的推理。事实上,地不冻,未必天不寒,所以从否定前件到否定后件的"如果"推理不是必然为真的。

逻辑上通常都把非永真蕴涵式的推理判定为错误推理,这是就必然性亦即形式或演绎推理而言的。其实非永真蕴涵式的推理虽然不是必然为真但是可能为真的。("可能真"为模态逻辑的研究对象。)可就是这些"可能为真"的推理,一些推理者往往误把它们当成"必然为真",从而犯了逻辑错误。这样的逻辑错误称为"误可能为必然"。

教学提示

在数理逻辑中,"如果"句叫作"蕴涵命题","如果"推理叫作"蕴涵"演算。在传统逻辑里,"如果"句叫作"假言判断","如果"推理叫作"假言推理"。

在传统逻辑里,表达条件的句子有两种:一是"如果……那么……",表达充分条件;一是"只有……才……",表达必要条件,称为"逆蕴涵"。

第二节 "并 且"

成语"天寒地冻"不是蕴涵,亦即不是"如果"命题,而是"并且"

命题。"天寒地冻"作为"并且"命题,即"天寒并且地冻"是形容天气很冷的,并没有蕴涵关系。"并且"命题的公式为:p∧q。符号"∧"读作"并且",是"并且"命题的联结词。

"并且"推理如:

天寒地冻,所以天寒。

天寒地冻,所以地冻。

推理式分别为:

$$p \wedge q \qquad p \wedge q$$
$$\therefore p \qquad \therefore q$$

蕴涵式分别为:

$$p \wedge q \rightarrow p$$
$$p \wedge q \rightarrow q$$

因为"并且"的含义是"p、q都真",也就是说,只有p、q都是真的时候,p∧q才是真的。所以,如果p∧q是真的,那就可以推出p必然为真,也可以推出q必然为真。"并且"推理的真值表为:

p	q	p∧q	p∧q→p	p∧q→q
真	真	真	真	真
真	假	假	真	真
假	真	假	真	真
假	假	假	真	真

"并且"式除前真后真为真以外，其余都是假的，但蕴涵式除前真后假为假以外都是真的，所以 p∧q→p 和 p∧q→q 两个"并且"蕴涵式都是永真式，它们都是正确推理。

教学提示

在数理逻辑中，"并且"句叫作"合取命题"，"并且"推理叫作"合取"演算。在传统逻辑里，"并且"句叫作"联言判断"，"并且"推理叫作"联言推理"。

第三节 "或 者"

"或者"命题如"你去或者我去"，命题式为"p∨q"，"∨"为"或者"符号。"或者"命题与"并且"不同，只要 p、q 有一真，p∨q 就是真的,也就是说,p 和 q 一真一假或者两个都真,p∨q 都是真的;只有 p、q 两个都假,p∨q 才是假的。"你去或者我去",你去我不去、我去你不去或者我们俩都去,这个"或者"句都是真的;只有我们俩都不去,它才是假的。

"或者"命题的推理例如:

你去或者我去。你不去,所以我去。

你去或者我去。我不去,所以你去。

推理式分别为

$$p \lor q \qquad p \lor q$$
$$\neg p \qquad \neg q$$
$$\therefore q \qquad \therefore p$$

蕴涵式分别为:

$$(p \lor q) \land \neg p \rightarrow q$$
$$(p \lor q) \land \neg q \rightarrow p$$

前一个蕴涵式可以用真值表证明如下:

p	q	p∨q	¬p	(p∨q)∧¬p	(p∨q)∧¬p→q
真	真	真	假	假	真
真	假	真	假	假	真
假	真	真	真	真	真
假	假	假	真	假	真

"或者"蕴涵式(p∨q)∧¬p→q 为永真式。后一个蕴涵式(p∨q)∧¬q→p 也是永真式,读者可以自证。这两个"或者"蕴涵式都是从否定到肯定,叫否定肯定式。两个否定肯定式都是必然性推理式。

与此相反,"或者"推理肯定否定式(p∨q)∧p→¬q 和(p∨q)∧q→¬p 都是不正确的,亦即"或者"的肯定否定式不成立。比如从"你去或者我去,你去",推不出"我不去","你去或者我去,我去"也推不出"你不去"。因为可以你我两人一起去。前式真值表如下:

p	q	p∨q	¬q	(p∨q)∧p	(p∨q)∧p→¬q
真	真	真	假	真	假
真	假	真	真	真	真
假	真	真	假	假	真
假	假	假	真	假	真

前式由于不是永真式，所以不是必然性推理。同理，后式也不是必然性推理，读者可以自证。

教学提示

在数理逻辑中，"或者"句叫作"析取命题"，"或者"推理叫作"析取"演算。在传统逻辑里，"或者"句叫作"选言判断"，"或者"推理叫作"选言推理"。

汉语的"或者"有时含"要么"义。比如"甲同乙搭档，或者同丙搭档"。实际上这句话的意思是："甲要么同乙搭档，要么同丙搭档。"二者必居其一，并且只居其一。如果是"要么"，则否定肯定式和肯定否定式都是必然为真的。数理逻辑没有"要么"联结词，处理"要么"的公式是：$(p \lor q) \land \neg(p \land q)$。传统逻辑的"要么"符号可用 $\dot{\lor}$ 表示。

第四节　"并非"和"等值"

"并非"作为命题联结词，符号是$\neg$，意思是说：不是真的。命题式$\neg p$的意思是：p不是真的，或者说，p是假的。"并非"句如："天不冷""我不去""并非善有善报，恶有恶报""翼龙是典型的非恐龙"

"你说她病了,这不是真的""他说我病了是假话",等等。

"并非"推理如:

我不是不去,所以我去。

其蕴涵式为:

$$\neg\neg p \to p$$

$\neg\neg p$ 读作非非 p。蕴涵式 $\neg\neg p \to p$ 称为双重否定定理,意思是两次否定等于肯定,亦即否定的否定等于肯定。真值表为:

p	$\neg p$	$\neg\neg p$	$\neg\neg p \to p$
真	假	真	真
假	真	假	真

蕴涵式 $\neg\neg p \to p$ 为永真式。其逆定理 $p \to \neg\neg p$ 也成立,也是永真式。这就是说,$\neg\neg p \to p$ 和 $p \to \neg\neg p$ 等值。

"等值"也是命题的联接词,用符号 $\leftrightarrow$ 表示,当 p、q 同真同假时,p、q 等值式都是必然为真的;当它们一真一假时,等值式为假($\leftrightarrow$ 相当于数学公式中的" = "符号)。"等值"也叫作双蕴涵。因

251

此,p→¬¬p 和¬¬p→p 可以合并写成:

$$(p→¬¬p)↔(¬¬p→p)$$

读作: p→¬¬p 等值于¬¬p→p,或 p→¬¬p 与¬¬p→p 等值。

一般等值命题公式为:

$$p↔q$$

读作 p 等值 q。例如:

他是孤儿,也就是说,他没有父母。

"他是孤儿"为 p,"他没有父母"为 q,"也就是说"即等值,两句话是等值的,即 p↔q。

现在我们已经有了五个命题联接词,即:¬(否定)、∧(并且)、∨(或者)、→(蕴涵)和↔(等值)(命题逻辑的联接词只有这五个)。我们把这五个联接词的真假值列成一个总表如下:

p	q	¬p	p∧q	p∨q	p→q	p↔q
真	真	假	真	真	真	真
真	假	假	假	真	假	假
假	真	真	假	真	真	假
假	假	真	假	假	真	真

有了这一张总表,我们就可以检验任何一个命题推理是不是正确的推理了。

真值表方法并不复杂高深,对于高小学生来说,难度不及高小数学,应当不难掌握。可是应用真值表法检验一个推理是否正确固然方便、快捷,但它却不能告诉我们:这个推理的正确性究竟是怎样一步步推演出来的。而且,我们这里讨论的形式推演只限于命题逻辑,还没有涉及谓词逻辑,而谓词逻辑则是不能用真值表方法来检验真假的。因此,真值表法还不是真正意义上的形式化推演。真正的形式化推演是一种公理演绎法,简称为公理法(比如本编第一章第二节的推演)。

教学提示

在数理逻辑中,“并非”句叫作“否定命题”,“并非”推理叫作“负命题”演算。在传统逻辑里,“并非”句叫作“负判断”。

　　汉语里没有等值句,等值的表达用"如果,那么并且只有,才",即既充分而又必要。在数理逻辑里,等值命题联接词叫"当且仅当",也叫"等值"。

第四章　可视化编程

本章内容提要

　　可视化编程是在皮亚杰儿童智能发展理论基础上开发的软件平台和工具(有时会包括硬件),为儿童学习逻辑、运用逻辑提供了全新的工具和舞台,有助于儿童全面提升问题求解能力和逻辑思维能力。本章将重点介绍章鱼侠可视化编程、Scratch 可视化编程和 Micro：Bit 可视化编程。

第一节　可视化编程中的逻辑推理

　　面向儿童的可视化编程可以追溯到 20 世纪 60 年代。其中一个重要的代表性的人物叫西摩尔·派珀特(Seymour Papert)。他在 1968 年发明了 LOGO 编程语言。这是一种图形绘制语言,孩子们通过几行简单的代码就可以在屏幕上画出一朵小花。派珀特的发明并非空穴来风,其灵感来源于他的老师让·皮亚杰。1958 年,派珀特在剑桥大学拿到第二个数学博士之后,到了瑞士日内瓦大学,在皮亚杰门下学习儿童发展的理论。当时的皮亚杰 62 岁,已经是儿童教育领域享誉全球的大师。皮亚杰关于儿童智能发展的建构主义思想对派珀特产生了深刻的影响。所以,派珀特一直在思考如何用计算机去帮助儿童在不断假设和试错的玩耍过程中更好地学习和发展。

1982 年,派珀特在麻省理工学院(MIT)做了一次演讲。有个叫米切尔·瑞思尼克(Mitchel Resnick)的年轻人听了派珀特的演讲后大受启发,并由此改变了对计算机的认识。次年,瑞思尼克拿到了麻省理工学院的奖学金,开始跟着派珀特学习。瑞思尼克继承了派珀特的理念,借鉴 LOGO 语言和乐高积木的设计精华,在 2003 年推出了易于儿童使用的积木式可视化编程软件——Scratch。事实证明,这是一款深受儿童和教师喜爱的可视化编程软件,很快风靡全球。瑞思尼克因此被人们称为"Scratch 之父"。

近年来,越来越多的儿童开始使用可视化编程语言来学习编程。这并不是说,要让孩子们为将来当程序员做准备,而是通过可视化编程学习来进行逻辑思维能力和问题求解能力的培养。正如乔布斯所说,每个人都应该学习编程,因为它教你如何思考。我们要深入理解可视化编程和逻辑思维两者之间的内在关联,就需要从逻辑的视角去看懂编程过程中的推理类型和机制。

科学哲学家卡尔·波普尔(Karl Popper)曾说过,"所有的生命活动都是在不断地解决问题"。问题学研究专家林定夷结合人工智能领域的研究对"问题"作了一个较为宽泛的界定:"某个给定的智能活动过程的当前状态与智能主体所要求的目标状态之间的差距。"相应地,"问题求解"就可以定义为:设法消除某一给定智能活动的当前状态与智能主体所要达到的目标状态之间的差距的行为。TRIZ理论创始人阿奇舒勒(Genrish S. Alshuler)用了一个非常形象的隐喻描述问题求解的过程:"问题和答案就像一条河的两岸。猜测答案如同从河岸跳入河中游向对岸。发现技术矛盾以及解决这些矛盾的方法起桥梁的作用。解决技术问题的理论和建筑桥梁的科学相似,这些隐形桥梁将思索引向新想法。"①

每个任务导向的可视化编程过程都是一个问题求解的过程。儿童需要想象自己希望达到一个怎样的目标或效果,然后去猜测可能的解决方案,有了初步的方案后需要进行操作、尝试和探索,探索中如果出现负向反馈,就需要寻找原因并进行调整和优化,直到目标达成。

美国实用主义哲学家杜威(John Dewey)将问题求解的过程概况为如下五个步骤②。(1)感受到困惑和疑难,认知起源于"疑难的情境",或者不令人满意的困境,这是遇到问题时的最初感觉,它基于经验过程中的不一致、不和谐,或者不满意;(2)对问题进行定位和定义,人们对于困难的认识起初总是处于模糊和纷乱的状态,因此需要界定问题、厘清问题之所在,对面临的情境作出清晰的表达;(3)猜

---

① [苏]根里齐·阿奇舒勒编著,[美]舒利亚克英译,范怡红、黄玉霖汉译:《哇……发明家诞生了——TRIZ创造性解决问题的理论和方法》,成都:西南交通大学出版社,2004年,第22页。

② Dewey, J. *How We Think*. D. C. Heath & Co., 1910, pp.72–78.

测可能的答案或解决方案,通过对具体背景或"境况"的考察,需要针对问题进行某种试探性的、尝试性的"解答";(4)对猜想进行扩展推理,在提出各种可供选择的方案后,需要对每种假说进行精心的加工和推演,揭示出其所蕴涵的意义和结论;(5)通过观察和实验来检验推理,观念或者假说需要在条件允许的情况下用实验的方式加以检验,明确理论上推理所得的结果是否会实际发生。这就是著名的"杜威五步思维法",也是胡适先生常说的"大胆假设、小心求证"。杜威的问题求解思想,也是指导项目式学习(Project Based Learning)的重要思想来源。

从逻辑学的角度看,形成假设的过程主要是以溯因推理为主,从目标回溯行动方案,基于假设的预测则以演绎推理为主,而大量规则的获得基于归纳推理。当然有时候我们也会在类比推理的基础上形成假设和作出预测。我们认为可视化编程可以让儿童获得一种全新的看世界的方式,我们也希望逻辑的学习有助于儿童更好地看懂可视化编程的背后的秘密。在下文对编程软件的具体介绍中,我们会结合具体的逻辑推理类型进行分析。

在 Scratch 可视化编程软件的引领示范下,面向儿童的可视化编程得到了前所未有的发展,并呈现出两个重要的趋势:其一是不断面向更低年龄层的儿童,如最新推出小章鱼可视化编程、Scratch 开始涵盖4—5岁的儿童。其二是与硬件的结合,乐高的编程机器人的发展和 Micro:Bit 的出现都是软硬件结合的典范。下面我们将根据年龄梯度介绍三种不同的可视化编程工具与逻辑思维的内在关联。

第二节　章鱼侠可视化编程①

章鱼侠可视化编程主要是面向低龄段儿童（幼儿园中班到小学1—2年级）的可视化编程教育。主要材料②包括：一台小章鱼机器人，一套命令卡片和一套星空地图卡片。

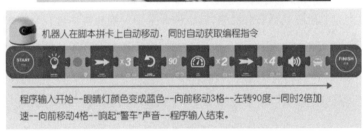

机器人在脚本拼卡上自动移动，同时自动获取编程指令

程序输入开始--眼睛灯颜色变成蓝色--向前移动3格--左转90度--同时2倍加速--向前移动4格--响起"警车"声音--程序输入结束。

图 3 - 4 - 1　章鱼侠可视化编程教具套装

---

① 由百物格教育和中邦教育联合开发。
② 这套材料以物理卡片操作为主，无须电脑和 iPad，因而可以避免长时间使用屏幕对低龄儿童视力的损害。

主要的玩法是：

1. 按要求拼出特定的星空地图；

2. 根据任务的需要，设计小章鱼机器人的行进路线；

3. 用命令卡片拼出路线所要的动作脚本；

4. 让小章鱼机器人读取命令卡脚本后，放置在星空地图上完成操作。

在具体的教学过程中，小章鱼可视化编程采用了游戏化的故事背景设计：

> 到了 2050 年，越来越多的人搬到了火星上生活。人们需要从地球上运输物资到火星上，要到附近的小行星上采矿，要去更远的地方探索，传送的任务开始由机器人来承担。大家要训练出一群聪明的机器人来完成这些配送任务。

为了让游戏更有沉浸感，教学课件采用三维超媒体可视化技术。在虚拟三维空间中，设置具体的太空工作站和太空场景，并布置完成一项又一项学习任务。

高思维含量的教学过程从让小朋友们对小章鱼机器人的认识开始。教师使用思考地图中的"圆圈图"激发儿童原有的关于机器人的经验，用"气泡图"让小朋友了解其各方面的属性和性能。在了解了小章鱼机器人之后，教师让儿童取出命令卡，并对命令卡进行分类，然后让儿童分享自己分类的理由。在教师进行基本的使用示范后，将由儿童亲自体验操作,然后用"流程图"绘制涂鸦式的使用说明书。这些过程都会使用到我们前面所用的分类、分解等逻辑方法和思维可视化工具。

在进行深入学习的过程中,儿童需要根据线索来用拼图卡片拼出星空地图。有些线索是很简单的,直接给出了具体的位置,儿童根据位置关系进行以相似性为主的思维就行。如图3-4-2:

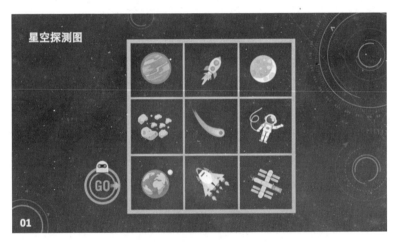

图3-4-2 章鱼侠可视化编程星空地图(简单版)

有些线索却要进行较高难度的逻辑推理,才能拼出正确的地图。如图3-4-3。

图中的问号表示格子左边的两个东西所在的位置。以左上角第一个九宫格为例,该图说明火箭和空间站在这两个问号的位置,但具体两者分别在哪个位置不得而知。有可能是火箭在上,空间站在下,也有可能是空间站在上,火箭在下。这个就是复合命题"A或B"。然后,根

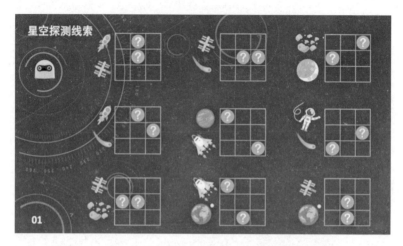

图 3 - 4 - 3　章鱼侠可视化编程星空地图(较高难度版)

据其他信息排除掉错误的假设,采用的是充分条件的否定后件式。这样一个推理的过程,对儿童而言很像侦探办案,让他们乐在其中。

　　编制完星空探测地图后,儿童会得到一张运送任务单(见图 3 - 4 - 4)。任务清单给出了具体的任务:从地球出发,接上宇航员,坐火箭去月球。儿童根据这个任务要求在表单中间的九宫中绘制出行进的路线,再将行进的路线转化为编程语言用命令卡片表示出来。这个过程就是一个从目标到操作方案的溯因推理过程。一张星空探测图可以设计出很多不同的任务。设计好命令脚本后,儿童就可以让小章鱼机器人读取命令在拼好的星空地图上测试命令是否有效。如果出现错误,儿童就需要仔细核对哪里出了错误,要去解释,要去修正,最终完成任务。在游戏过程中,如果增加团队间的竞争和分享,儿童的学习热情就会更加高涨。

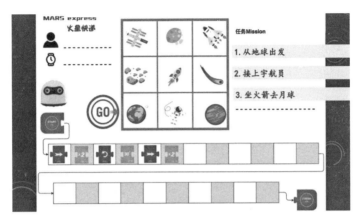

图 3 - 4 - 4　章鱼侠可视化编程任务卡

在小章鱼可视化编辑的基础上,教师可以进一步引导儿童在名为 Scratch Junior 的应用程序上学习可视化编程。Scratch Junior 在命名的复杂程度上要高于小章鱼可视化编程。但这两个软件具有高度一致的设计理念,所以儿童可以很容易地把小章鱼可视化编程学习

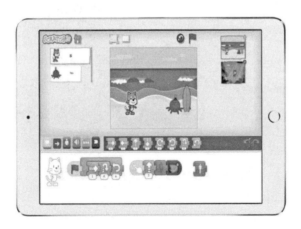

图 3 - 4 - 5　Scratch Junior 界面示意图

的经验迁移到 Scratch 上来。这个迁移的过程,儿童会经历皮亚杰所说的同化、顺应和平衡的过程,从而进入一个更高的学习阶段。

第三节　Scratch 可视化编程①

　　Scratch 可视化编程主要是面向 6—15 岁的儿童。可视化编程最大的特点就是不用编写复杂的代码,而用的是指令块。儿童可以用 Scratch 创作出很多好玩的游戏。Scratch 软件安装下载后,可以打开一个可视化编辑窗口(见图 3 - 4 - 6)。

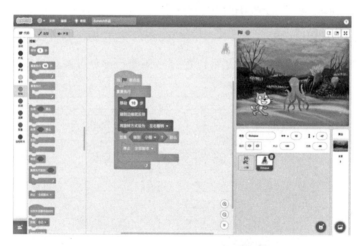

图 3 - 4 - 6　Scratch 可视化编辑窗口

---

① 〔英〕乔恩·伍德科克等著,余宙华译:《编程真好玩: 6 岁开始学 Scratch》,海口: 南海出版公司,2020 年。

窗口有指令块面板、代码区、舞台区、角色列表区和舞台信息区。在指令块面板中，有运动、外观、声音、事件、控制、侦测、运算、变量、自制积木等不同类型的指令块，使用时将不同的命令模块拖到右侧的代码区。代码区是用来组装各种指令块的。舞台区是用来展示代码区里的指令块的。鼠标点击舞台左上角的绿色的旗子，就可以看到代码运行的效果。

Scratch 可视化编程可以分为不同的阶段。在初期阶段，儿童主要通过模仿来内化不同指令块组合与功能之间的关联，或通过拆解现有的指令块组合来了解两者之间的关系。这个过程基于大量简单归纳推理和寻求因果关系的归纳推理，建立起了指令与效果之间的关系。在模仿操作的过程中，如果未能达到指定的效果，就需要仔细核对自己组装的指令组块与教师或书中所展示的指令块的差异。也就是计算机领域中常说的找 bug 的过程。我们可以看到这个核对的过程，跟儿童早期进行的基于图形的找相同和找不同的"感知—运动"推理过程一致的，早期训练出来的能力在当前这样的可视化编程任务中可以直接表现出来。

在中后期学习中，儿童可以自己设计游戏，经历一个项目式学习的完整过程。他需要先构想游戏的场景、角色、机制、规则、目标、操控方式等，然后将这些要素和要求结合起来思考游戏的实现方法。儿童可以在老师的引导下用一盒故事玩具来进行游戏故事创作。有了这些构想后，儿童可以用可视化工具先将游戏的各个要素、机制和流程进行梳理和表达。然后，根据梳理的结果进行可视化编程。这个由目标驱动的过程,从逻辑学的角度看是一个溯因推理的过程。儿童在前期模仿学习的过程中建立指令块与效果的关联,编程的过程就是从最终的效果出发去猜测可能的指令块组合。在调试指令块组合的过程中,如果效果与预期的不符,或期待达到更好的效果,就需要分析研究指令块的哪些部分出现了错误,或哪些部分可以进行改进。

在 Scratch 指令块面板中,我们可以看到编程背后的逻辑知识应用。其中,在控制类指令中,"如果……那么……"和"如果……那么……,否则……"等指令模块,就是充分条件关系;控制类指令中,"或""与""非"的指令块分别表达的是选言命题、联言命题和否定命题。另外,很多指令模块是用来描述事物的属性、关系和方位的。因此,我们认为可视化编程是儿童运用和提升逻辑思维能力的好载体,初小和高小阶段儿童的逻辑思维教育对于儿童可视化编程能力的提升来说十分有用,也十分必要。

第四节　Micro：Bit 可视化编程[①]

Micro：Bit 是一款由英国广播电视公司(BBC)推出的微型电脑开发板。最初的目的是面向青少年,培养创客技能和创造力的。

---

①　吴险峰、许政博主编:《零基础创客技能实践：基于 Micro：bit》,北京：电子工业出版社,2018 年。

Micro：Bit 不需要安装任何开发软件；硬件都进行了封装，不需要学习底层操作；可以集成种类丰富的硬件模块，通过鳄鱼夹和面包与各种电子元件互动，可以让零基础学习者轻松实现各种有趣的创作。

图 3－4－7　Micro：Bit 产品图

Micro：Bit 是一块非常精巧的集成电路板。大小只有 4 cm×5 cm，重 5 克。板的正面包含输入键、输出显示和数字模拟结构。反面包含了主控芯片、各类传感器、Micro Usb 接口、复位按键、电池接口和天线。

与 Scratch 从软件到软硬件融合的发展路线不同，Micro：Bit 是从硬件开始，走向软硬件结合的。Micro：Bit 利用 MakeCode：Microit 实现可视化编程，其界面见图 3－4－8：

MakeCode：Microit 可视化编辑界面主要包含如下三个部分：① 模拟器，一个交互式模拟器，可以即时看到程序的运行效果，有助于代码的调试，类似于 Scratch 编辑窗口中的舞台。② 指令方块选择区，用于查找和选择各种指令方块，类似于 Scratch 编辑窗口中的指

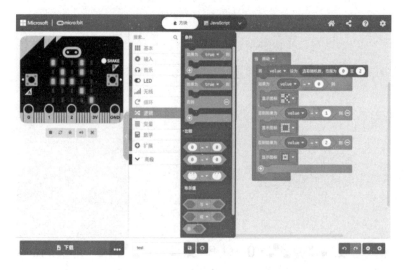

图 3 - 4 - 8　Micro：Bit 可视化编程编辑界面图

令块面板。③ 指令块编辑区,将从指令方块选择区拖拽过来的指令块组装成各种程序,类似于 Scratch 的代码区。所以,我们可以看到 MakeCode 和 Scratch 的设计原理和编辑环境是非常相似的。核心的编辑模块都用可视化的方式呈现了充分条件推理、合取关系推理、析取关系推理、关系推理等各种类型的逻辑推理。指令块组合的建构反映了问题求解所涉及的溯因推理、演绎推理、归纳推理、类比推理等,是一种高思维含量的认知活动。

　　由于 MakeCode 与物理硬件绑定得非常紧密,扩展出的硬件使用场景也非常多,因此对学生创作来说也就具有了独特的价值和魅力,也常常成为学生项目式学习的重要材料,为学生逻辑思维能力的提升提供了更为广阔的舞台。

附录一　认知科学背景下
提升思维素养①

徐慈华

恩格斯曾经说过,思维是地球上最美丽的花朵。随着信息时代的到来和知识经济的崛起,这朵美丽的智慧之花愈益大放异彩:我们可以通过互联网方便快捷地获取大量的信息,但我们需要有披沙拣金的能力对信息做出正确的判断和选择;我们不但要懂得如何获取知识,更要不断提高使用知识和创造知识的能力。这些能力与我们的思维素养密切相关。

所谓思维素养,主要是指认知主体在学习、推理、决策和问题求解等目的性智能活动中所体现的实践能力,以及掌握的相关知识和持有的态度。20 世纪 70 年代,旨在揭示人类心智奥秘的认知科学逐步兴起,这为思维素养的提升创造了新的发展契机。美国、英国、日本、德国和法国等发达国家积极推动认知科学的发展,纷纷制订了各自的研究计划,投入了大量的人力、物力和财力。哈佛大学、剑桥大

---

① 徐慈华:《认知科学背景下提升思维素养》,《中国社会科学报》,2010 年 10 月 12 日。

学、麻省理工学院、斯坦福大学等世界著名高校都启动了认知科学项目，并建立研究机构，开设专业课程。2007年9月，美国10位科学家通过科学界的顶级期刊《科学》（Science）发出联名倡议，要启动"心智十年"研究计划。经过40余年的长足发展，认知科学已经发展成为横跨哲学、语言学、人类学、神经科学、心理学和计算机科学的综合性交叉学科。虽然离完全揭开人类心智的奥秘，还有很长的一段路要走，但借助事件相关电位（ERP）、功能性核磁共振成像（fMRI）、正电子发射断层成像（PET）、近红外光学成像（NIRS）等脑成像技术和相关的实验手段，认知科学已经在感知、学习、记忆、情绪、语言理解、思维、意识、社会行为等人脑功能的相关研究中，取得了很多具有重大理论价值和现实意义的成果。根据这些成果，笔者认为，要有效提升思维素养需实现三个转变：

第一，从孤立到系统。思维能力无疑是思维素养的核心。但不能因此将思维能力孤立起来，而应该放在一个完整的系统中加以考察。首先，思维素养是以情景中的问题为导向，以实践能力为核心，以知识和态度为支撑的动态结构。要提高思维的深刻性、灵活性、独创性、批判性和敏捷性，不但要通过大量的模拟和训练进行自下而上的学习，同时还要尽可能地掌握认知规律、推理规则、思维策略、科学用脑等方面的知识，为模仿和训练提供自上而下的指导，两者不可偏废。此外，态度也会影响思维的实践能力。要熟练掌握一项技能需要持续的操练。正确的态度有助于形成积极的情绪，以调节和推动思维实践。正所谓"知之者不如好之者，好之者不如乐之者"。其次，个体的思维素养会受其所在的文化系统的影响。如果有一种文化，会倡导和奖励具有批判性和创造性的思维实践活动，那么身处这种文化内的个体就会致力于思维素养的提升。因此，文化系统对于个体的思维素养提升具有群体动力学的意义。从这一点看，"昔孟母，择邻处"的智慧对于思维素养的提升而言也不无道理。最后，思维素养还会受到技术反馈系统的影响。大量的脑科学实验已经表明，人脑具有可塑性，个体的智能会在环境系统中不断演化。如果缺乏有效的反馈，思维素养的提升就会事倍功半。活体脑成像技术的发展将会为思维能力的培养提供更好的信息反馈系统，从而推动个体思维素养的提升和智能水平的提高。

第二，从离散到融通。20 世纪 70 年代，美国神经生理学家斯佩里(R. Sperry)教授在裂脑人研究的基础上提出了"大脑功能偏侧化"理论，并因此获得 1981 年的诺贝尔奖。根据该理论，人的左脑主要负责语言和逻辑思维，右脑主要负责艺术和形象思维。人们针对左右脑的不同功能构建了庞大的左右脑分离开发计划。但近年来的研究发现，大脑虽然有脑区功能的分化，但总体上是一个协同工作的系统。不管是抽象的，还是形象的刺激，都会激活双侧大脑的共同参与。因此，思维素养的提升就必须要体现这种融通性。我们要围绕"抽象思维和形象思维互补，灵感思维与知性思维交融，纵向思维与横向思维互动，发散思维和收敛思维结合"的总体格局，努力构建提升思维素养的方法和手段。

认知语言学的最新研究发现，隐喻认知与转喻认知是人类认知的两种基本机制。其中,隐喻认知指的是两个概念系统之间的跨域映射;转喻认知指的是概念系统内部具有"整体—局部"关系或"属—种"关系的概念之间的相互激活。作为基本的认知机制,隐喻和转喻不但表现在人类的语言上,而且还普遍存在于绘画、音乐、手势等多个符号系统中。人工智能研究专家霍金斯(J. Hawkins)曾在《人工智能的未来》一书中指出,预测能力是人类智能的关键。预测就是将恒定记忆序列应用于新的情况,我们通过类比过去而预测未来。其中,恒定记忆序列的建立与转喻认知相关,类比则属于隐喻认知。此外,心理学家法康尼尔(G. Fauconnier)和特纳(M. Turner)在《我们的思维方式》一书中还指出,概念整合(Conceptual Blending)在人类的认知机制中同样扮演着十分重要的角色。只有以这些基本的认知机制为基础,才能真正建立具有融通性的思维培养体系。

第三,从单向到多维。我们生活在一个丰富的世界中,提升思维素养的最终目的是要提高我们应对现实世界诸多挑战的能力,提高我们的环境适应力。因此,提升思维素养的媒介和载体必须实现从单向度到多维性的转变。首先,要提高符号类型的多样性。哈佛大学心理学教授加德纳(H. Gardner)指出,人类具有多元智能,包括语言智能、数理逻辑智能、"视觉—空间"智能、身体运动智能、音乐智能、人际交往智能、自我认识智能和自然智能。这些智能类型的发展都离不开不同类型的符号系统的支撑。除了充分利用现实世界中的符号体系外,我们还可以更多地借助多媒体和虚拟现实技术建构一个多符号类型共生的思维能力培养环境。其次,要提高情境类型的多样性。思维能力培养的成败不仅取决于效果和持续的时间,而且还受到迁移能力的影响。有研究表明,思维能力具有较强的情境依赖性。通过提高情境类型的多样性,可以增强认知主体"异中求同"的能力,进而促进思维技能的迁移,提高元认知能力。

在当今世界的发展格局中,中国正在从以资源消耗为主的"制造型大国"向环境友好的"创造型大国"转型。这一转型是否能够成功取决于国民的整体素养。思维素养的提升将在很大程度上推动这一转型的成功实现。

附录二　童话故事中的溯因推理①

——兼谈儿童的思维教育

董文明　徐慈华

一、溯因推理及其重要性

一个多世纪以前,美国实用主义哲学的先驱人物皮尔斯
(C.S. Peirce)提出了溯因推理(abductive reasoning)这一概念。他
说:"如果我们认为,当事实与预期不符时,我们就需要做出解释的
话,那么这个解释就必须是一个能够在特定环境下预测所观察事
实(或必然的,抑或非常可能的结果)的命题。一个自身具有可能
性,并且使(观察到的)事实具有可能性的假设就需要被采纳。这
个由事实驱动的采纳假设的过程,就是我所说的溯因推理。"②
20世纪50年代,美国科学哲学家汉森(N. R. Hanson)对皮尔斯的

① 董文明、徐慈华:《童话故事中的溯因推理:兼谈儿童的思维教育》,《浙江社
会科学》,2014年第4期。
② Peirce, C. S., *Collected Papers of Charles Sanders Peirce*, Vols. Ⅰ-Ⅵ(ed. by
Charles Hartshorne and Paul Weiss), Vols. Ⅶ-Ⅷ(ed. By Arthur W. Burks),
Cambridge, Mass.: Harvard University Press. 1931-1958, Ⅶ pp.121-121, Ⅴp.106, Ⅶ
p.137, Ⅱ p.310.

"溯因推理"思想进行了概括,提出了一个比较简洁明晰的模式,可用如下公式表示:

$$C$$
$$H \rightarrow C$$
$$\overline{}$$
$$H$$

此公式的含义是:(1)一个令人惊讶的事实 C 被观察到;(2)如果假设 H 为真,那么事实 C 就不言而喻;(3)因此,有理由相信假设 H 为真。其中,符号"→"表示 H 与 C 之间存在某种认知上的关联。

可见,溯因推理是一个我们形成关于某个现象或事实的特定假设的过程,该过程具有两个重要的认知特征:创新性和相似性[①]。关于创新性,皮尔斯强调只有溯因推理能为我们带来新的观念[②],而那种认为新理论、新观念来源于归纳的传统看法是站不住脚的。哲学家玛格纳尼(L. Magnani)也认为"溯因推理"这个概念为我们研究人的创造能力提供了最好的哲学上和智力上的工具[③]。关于相似性,

---

① 徐慈华、李恒威:《溯因推理与科学隐喻》,《哲学研究》,2009 年第 7 期。

② Peirce, C. S., *Collected Papers of Charles Sanders Peirce*, Vols. Ⅰ-Ⅵ (ed. by Charles Hartshorne and Paul Weiss), Vols. Ⅶ - Ⅷ (ed. By Arthur W. Burks), Cambridge, Mass.; Harvard University Press. 1931-1958, Ⅶ pp.121-121, Ⅴ p.106, Ⅶ p.137, Ⅱ p.310.

③ Magnani, L., *Abductive Cognition: The Epistemological and Eco-Cognitive Dimensions of Hypothetical Reasoning*, Berlin; Springer. 2009, p.456, p.458, p.456.

皮尔斯在谈到事实与假设的关系时指出,"在溯因推理中,事实是通过类似之处来暗示一种假设的。这种类似之处就是事实与假设的推论之间的相似性"①。皮尔斯曾将溯因推理表示为: Any M is, for instance, P′P″P‴, etc.; S is P′P″P‴, etc.; ∴ S is probably M②。这个公式清晰地说明,我们之所以会得出假设性的结论"S is probably M",是因为 S 和 M 之间都具有相似的属性,如"P′P″P‴"等等。

在溯因推理的过程中,人们往往会形成多个不同的假设。这就涉及了假设的评价和选择问题。因此,约瑟夫森(J. R. Josephson)等人对皮尔斯和汉森的溯因推理模式进行了补充:(1) D 是一个事实集合;(2) H 能够解释 D;(3) 没有其他的解释能够像 H 那样很好地解释 D;(4) 因此,H 可能是真的③。约瑟夫森等人所提到的第(3)条实际上就揭示了不同假设之间的竞争关系,这种竞争关系催生了溯因推理的动态性:随着新信息的加入或已知事实的增多,原有的假设可能会被更优的假设所取代。我们可以用图 1④ 表示出这个过程:

---

① Peirce, C. S., *Collected Papers of Charles Sanders Peirce*, Vols. I –VI (ed. by Charles Hartshorne and Paul Weiss), Vols. VII – VIII (ed. By Arthur W. Burks), Cambridge, Mass.: Harvard University Press. 1931 –1958, VII pp.121 –121, V p.106, VII p.137, II p.310.

② Peirce, C. S., *Collected Papers of Charles Sanders Peirce*, Vols. I –VI (ed. by Charles Hartshorne and Paul Weiss), Vols. VII – VIII (ed. By Arthur W. Burks), Cambridge, Mass.: Harvard University Press. 1931 –1958, VII pp.121 –121, V p.106, VII p.137, II p.310.

③ Josephson, J. R. & Josephson, S. G., *Abductive Inference: Computation, Philosophy, Technology*, New York: Cambridge University Press. 1996, p.14.

④ 徐慈华、李恒威:《溯因推理与科学隐喻》,《哲学研究》,2009 年第 7 期。

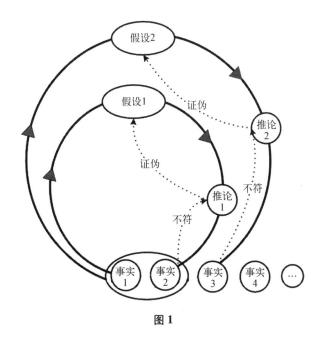

图1

在图1中，为了解释已观察到的事实1，认知主体形成了假设1。如果假设1为真，那么我们可以通过演绎推理得到推论1，但当推论1与新发现的事实2不符时，假设1就可能被证伪。为了解释事实1和事实2，认知主体就会有压力和动力去寻找新的假设2。同样，当新的事实3与假设2的推论2不符时，假设2就有可能被证伪，如此反复，不断演进，以求接近"事实的真相"。

在当前的认知科学研究中，越来越多的学者开始认识到，溯因推理不仅仅是科学家经常用到的推理模式，而且在我们的日常生活也普遍存在，且十分重要。正如玛格纳尼所说，溯因认知在人类（和动物）的生活中是如此普遍而重要，我们简直无法想象我们如果没有

277

它,应该如何生存和发展①。正是基于这种认识,溯因推理已经成为逻辑学、教育学、人工智能、神经科学、生物学等多学科研究中共同关注的热点问题之一。

溯因推理是如此之重要,它涉及创造力、判断力和记忆力的综合运用,在整体上决定了我们解决问题的能力,而作为教育工作者和逻辑工作者,我们自然会关注一个问题:这一推理模式可以教给孩子吗? 有道是"孩子是天生的科学家",孩子们总是无意识地、自发地通过不断的尝试和探索学习新的知识。这个过程自然会涉及溯因推理。通过有效的教学引导,我们可以将这种无意识的、自发的行为转变为一种有意识的、自觉的思维习惯,从而促进儿童学习能力的发展。如果说,这种思维方式是可以教的,那么紧接着的一个问题就是:我们应该怎么教?"推理模式"作为一种高度抽象的知识,如果直接教给孩子,显然是不可能成功的,我们需要寻找一些更好的教育形式和载体。下面,我们将从隐喻认知的角度,探讨童话故事是如何让"溯因推理"的教育成为可能的。

二、溯因推理的隐喻化

长期以来,"隐喻"一直被认为是一种语言上的修辞现象。但在过去三十多年的研究中,已经有越来越多的证据表明,隐喻普遍存在

---

① Magnani, L., *Abductive Cognition: The Epistemological and Eco-Cognitive Dimensions of Hypothetical Reasoning*, Berlin: Springer. 2009, p.456, p.458, p.456.

于我们的日常生活之中,它不仅是语言的修辞手法,还是人们对世界和自身行为表现更加灵活形象的重要方式①。简单地说,隐喻认知的本质就是"通过一个事物来理解和体验另外一个事物"②。比如说"时间",我们看不见摸不着,十分抽象,但我们可以通过"金钱"这个概念来理解"时间"。这种认知方式会在我们的日常语言中表现出来。我们会说,"不要浪费我的时间""我们要珍惜时间""别花那么多时间""给我一点时间"等等。加着重号的字和词,本来是用来表达"金钱"的,但通过隐喻认知,这些词就可以系统地被用来表达"时间"。同样,我们也可以用"空间"概念来理解"时间"。在语言上,我们就有了"三天前""两天后""上周""下个星期""一月左右""两年之中"等表达。加着重号的这些词,可以反映出我们在认知上,把"时间概念"放在了"空间概念"里。这个"隐喻化"的过程,就是吉布斯(R. W. Gibbs)所说的"概念化"。莱考夫和约翰逊发现,我们的抽象概念大多是隐喻性的③。这就是说,我们可以用一个"具体的东西"来对"抽象的东西"进行隐喻化。学者们总结出来的"溯因推理"模式是一个抽象的东西,我们可以通过使用一个具体的东西对其进行"隐喻化",使它变得更容易理解。对于儿童来说,最好的载体莫过于

---

① Gibbs, R. W., "Metaphor and Thought: The state of the art", in R. W. Gibbs (ed.), *The Cambridge Handbook of Metaphor and Thought*, Cambridge: Cambridge University Press. 2008, p.3.

② Lakoff, G. & Johnson, M., *Metaphors We Live by*, Chicago: University of Chicago Press. 1980, p.5, p.32.

③ Lakoff, G. & Johnson, M., *Philosophy in the Flesh: The Embodied Mind and Its Challenge to Western Thought*. New York: Basic Books, 1999.

童话故事——童话故事形象生动，我们可以用来教孩子什么是善，什么是恶，什么是美，什么是丑。同样，我们也可以通过童话故事教孩子们如何"求真"。

试以科学童话《小蝌蚪找妈妈》为例。该故事是幼儿园教养员盛璐德在 20 世纪 50 年代末创作的，后来改编成了动画片。故事讲的是池塘里的一群小蝌蚪千辛万苦找妈妈的过程，其创作初衷是让小朋友们了解青蛙是如何发育的。但从逻辑和思维的角度看，小蝌蚪们找妈妈的过程中涉及的推理就是由一系列"溯因推理"构成的。

图 2

图 3

图 4

图 5

在动画片《小蝌蚪找妈妈》中,小蝌蚪们从虾公公那里得知了自己的妈妈长着一双大眼睛。它们先是遇到了一条金鱼,发现金鱼的眼睛大大的,于是就上前去叫妈妈(见图1)。根据前述皮尔斯提出的溯因推理公式,M 就是小蝌蚪的妈妈,P′就是小蝌蚪妈妈的属性"长着一双大眼睛",S 代表小蝌蚪们遇到的那条金鱼。小蝌蚪们之所以认为 S 就是 M,那是因为两者都有属性 P′。

溯因推理是一种或然性推理,它所推出的结论是可以被证伪的。在逻辑上,我们可以用充分条件的否定后件式(Modus Tollens)来描述这个证伪的过程。

$$p \rightarrow q$$
$$\neg q$$
$$\overline{}$$
$$\therefore \neg p$$

上面这个公式的意思:在"'如果 p,那么 q'这条规则为真,并且'q'为假"的情况下,我们可以推出"p"必然为假。当金鱼听到小蝌蚪们叫她妈妈,她马上就说:"错啦错啦,叫错啦,我可不是你们的妈妈。你们的妈妈有个白肚皮。好孩子,你们再去找找吧!"这里金鱼提供了一个新的信息:小蝌蚪的妈妈长的是白肚皮。如果小蝌蚪的假设成立,那么可以根据三段论中的判断格作出一个演绎性的推论:前面遇到的这个对象应该也长白肚皮。但小蝌蚪们根据自己的观察,却发现:金鱼长的不是白肚皮。根据充分条件否定后件式,可推出：S 不是 M。正如金鱼所说的"我可不是你们的妈妈"。这样一来，小蝌蚪们原来的假设就被证伪了。

离开了金鱼后，小蝌蚪们看到了一只螃蟹（见图 2）。当它们发现螃蟹长的是白肚皮时，它们立刻作出猜测：螃蟹就是它们的妈妈。但很快，螃蟹就证伪了它们的假设。螃蟹说："错啦，错啦，叫错啦，我怎么成了你们的妈妈！你们的妈妈只有四条腿，你们看，我有多少条腿啊?"其推理的过程，同样是充分条件的否定后件式。

小蝌蚪继续去找妈妈，看到乌龟有四条腿，就上前去叫妈妈。小乌龟一听急了："它是我的妈妈！妈妈跟孩子总是一样的嘛!"（见图 3）小乌龟的后一句话可以补充为一个充分条件的命题：如果两者之间有母子关系 R(x,y)，那么它们应该长得是一样的 S(x,y)。但小蝌蚪可以看到，它们和乌龟有很大的不同，即 ¬S(x,y)。同样，根据充分条件中的否定后件式推理，小蝌蚪可以推出乌龟不是它们的妈妈。但在这个推理中，"乌龟不是小蝌蚪的妈妈"这个结论不一定成立，因为小乌龟给出的前提有可能是假的。

小蝌蚪后来又遇到了鲶鱼（图 4）。它们发现鲶鱼在身体形状上与它们有很多相似之处，根据小乌龟告诉它们的规则，"妈妈跟孩子总是一样的"，所以，小蝌蚪们推断出鲶鱼有可能是它们的妈妈。但鲶鱼凶狠的样子，让它们有理由怀疑之前的假设。因为它们一路游来，看过鸡妈妈和小鸡，金鱼妈妈和小金鱼，乌龟妈妈和小乌龟，都是非常亲密的。故事发展到这里，我们发现，小蝌蚪在不断接触外在世界的过程中，进行了归纳推理，获得一些规则。例如，如果两者是母子关系 R(x,y),那么它们之间就是一种亲密友好的关系 K(x,y)。鲶鱼的凶狠样子就是对亲密关系的否定。

溯因推理所形成的假设可以被证伪,同样它们也可以随着信息的不断获得而得到证实。后来,青蛙妈妈找到了小蝌蚪。小蝌蚪们躲在水草后,一面往后缩,一面盯着青蛙打量:大眼睛,白肚皮,不多不少四条腿。它们一方面通过观察到的信息和别人告诉它们的知识,证实自己的假设,得出结论,"她就是我们的妈妈呀!"但同时也提出了怀疑:"怎么我们跟她不像呢?"因为它们在与小乌龟的交流中,得到了一条规则"妈妈跟孩子是一样的",这条规则与已有的信息矛盾。一种可能是它们在路上获得的知识错了,另一种可能则是这条规则有问题。青蛙妈妈的话最终打消了它们的顾虑,消解了矛盾:"好宝宝,乖宝宝,你们长大了就像妈妈了。"而且后来的事实"小蝌蚪跟妈妈游着,游着,渐渐长出了小腿,长成青蛙妈妈的样子",也进一步证实了"青蛙就是小蝌蚪们的妈妈"。

科学哲学家波普尔认为,知识的进化源于问题,为了解决问题,就会产生多种多样的试探性解决办法,然后通过排错来控制这些解决办法[①]。也正是在这个意义上,波普尔认为,"爱因斯坦和阿米巴虫仅有一步之差"。小蝌蚪找妈妈的过程也源于一个问题,它们不断地尝试去解决这个问题。在这个过程中,有事实的获取,有知识的更新,也有假设的形成,以及假设的证伪和证实,其推理的过程可用图 6 表示。

---

① [英]波普尔,舒炜光等译:《客观知识——一个进化论的研究》,上海:上海译文出版社,2005 年,第 275—276 页。

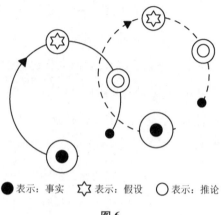

●表示：事实　☆表示：假设　○表示：推论

图 6

在遇到金鱼的情节中,小蝌蚪根据规则"自己的妈妈是大眼睛"和事实"遇到的这个对象是大眼睛",进行溯因推理,作出假设"遇到的这个对象可能就是妈妈"。但金鱼告诉它们,"你们的妈妈有个白肚皮"。这条新信息与假设结合,可以做出推论"遇到的这个对象应该是白肚皮",但与小蝌蚪们观察到的事实不符,所以假设就被证伪了。虽然小蝌蚪们这次的假设被证伪了,但它们获得了新的规则"自己的妈妈是白肚皮"。当它们遇到螃蟹时,看到自己遇到的新对象有白肚皮,然后再次通过溯因推理,作出新的假设,同样这个假设再次被证伪。以此类推,直到找到真正的妈妈为止。这里需要指出的是,小蝌蚪们在找妈妈的过程中并没有不断地把收集到的信息整合在一起,而是在得到一个新信息的同时抛弃了旧信息。如果小蝌蚪们能够记住并整合所有已经收集到的信息,那么它们作出错误假设的概率就会大大降低。或许,这是作者为了表现小蝌蚪有限的认知能力而有意作出的情节安排。

通过上面的案例分析,我们可以看到,"溯因推理"这一抽象推理模式是可以借助《小蝌蚪找妈妈》这一科学童话实现隐喻化的,因为两者在抽象的推理结构上具有一致性。

三、童话故事与思维教育

《小蝌蚪找妈妈》这则童话故事的创造运用了拟人(personification)的手法。这种创作手法本身也是通过隐喻认知来实现的。莱考夫和约翰逊指出,多数本体隐喻(ontological metaphor)都是拟人性的①。借助拟人,我们可以用人类的动机、性格和行为来理解不同的事物,在故事中赋予小蝌蚪以儿童的心理和行为特征,但并不是照搬儿童的所有属性,而是选择性地将两者有机地结合起来,这是一个概念整合(conceptual integration)的过程。福克涅尔和特纳认为,概念整合是人类在隐喻理解中的一种重要的思维方式,其基本过程可用右图表示。②

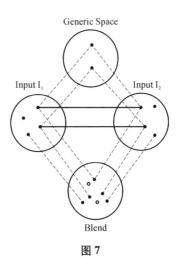

图 7

① Lakoff, G. & Johnson, M., *Metaphors We Live by*, Chicago: University of Chicago Press. 1980, p.5, p.32.
② Fauconnier, G. & Turner, M., *The Way We Think: Conceptual Blending and The Mind's Hidden Complexities*. New York: Basic Books. 2002, pp.40－47.

此谓概念整合,就是通过跨空间的部分映射将两个输入心理空间(input mental space)匹配起来,在形成一个类属空间(generic mental space)的同时,分别将这两个输入空间中的相关要素选择性地投射到一个复合空间(blend mental space)中。然后,通过组合、完善、精演等认知操作,创造出一个全新的具有自身内在结构的心理空间。故事《小蝌蚪找妈妈》所建构的情节,正是一个复合空间。这个空间中的要素一部分来自有关人的知识,另一部分来自有关青蛙的知识,但它们在复合空间中形成了自己内在的情节脉络和逻辑结构。通过这一复合空间的建构,抽象的知识以一种生动具体的方式得到呈现。

著名文学家茅盾在欣赏完美术影片《小蝌蚪找妈妈》后,有诗赞曰:"蝌蚪找妈妈,奔走询问忙。只缘执一体,再三认错娘。莫笑蝌蚪傻,人亦有如此。认识不全面,好心办坏事。莫笑故事诞,此中有哲理。"——这里的哲理是什么? 有些人认为是认识事物要全面;也有些人认为是做事情应该坚持不懈。可见,人们在解读中已经不再局限于这个故事所传递的有关青蛙发育的科学知识了,而是从更广泛的意义上提取故事中所蕴含的人生哲理,并将其运用于对其他事物的理解,这就意味这个故事被寓言化了[①]。通过生动形象的故事,我们可以一种简单清晰的方式更好地理解某些抽象的道理。其实,这里的寓言化就是一种隐喻化过程。在寓言化的解读中,

---

① Gibbs, R. W., The Allegorical Impulse, *Metaphor and Symbol*. 2011, pp.121 - 130.

人们可以从不同的角度建立新的隐喻映射关系。本文所要做的就是试图从逻辑思维的角度,找出这个故事与"溯因推理"之间在抽象结构上的内在关联,并建立起映射关系,从而为相关的儿童思维教育创造条件。

恩格斯曾经说过,思维是地球上最美丽的花朵。认知科学的大量研究表明,我们的大脑是可塑的,我们的思维方式也是可训练的。因此,我们要为儿童的思维教育创造良好的教育环境。思维能力培养的成败不仅取决于特定情境下的效果和持续的时间,而且还受到迁移能力的影响。思维能力具有较强的情境依赖性,因此我们需要通过提高情境类型的多样性,以增强认知主体"异中求同"的能力,进而促进思维技能的迁移①。这里所说的迁移过程,实际上就是一个"再隐喻化"(re-metaphorization)的过程。我们在思维教育中,可以把《小蝌蚪找妈妈》的故事当作一个心理原型(prototype),教师通过提问不断强化儿童对原型的记忆和分析,然后引导儿童把所遇到的具体问题概念化到这个原型中。例如,让儿童在听完《小蝌蚪找妈妈》的故事后,玩一个"寻找积木"的游戏。让它们在①—⑥堆积木中,找出同时都有下面这五个形状的那一堆积木。

---

① 徐慈华:《认知科学科学背景下提升思维素养》,《中国社会科学报》,2010 年 10 月 12 日。

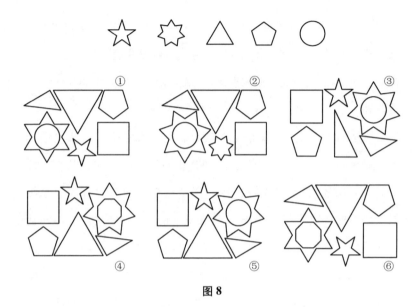

图 8

　　如上练习,在推理结构上与《小蝌蚪找妈妈》是一致的。在训练的过程中,要通过提问引导儿童将需要解决的问题概念化到"原型"中。在此基础上,我们还可以渐进式地不断加大"原型"与所要解决的问题之间的认知距离(cognitive gap),提供一些更为抽象和复杂的练习。玛格纳尼在其书中指出,溯因推理涉及视觉、听觉、嗅觉、味觉、触觉等多个模态,而且常会同时伴有视觉化、心理模拟、类比、情感等多种认知活动。这是一个复合性的(hybrid)认知过程①。因此,如果我们能在有关溯因推理的思维教育中,提供多种模态的训练任务,就可以同时促进儿童多元智能的发展,起到一举多得

---

　　① Magnani, L., *Abductive Cognition: The Epistemological and Eco-Cognitive Dimensions of Hypothetical Reasoning*, Berlin：Springer. 2009, p.456, p.458, p.456.

的作用。

四、结语

长期以来,我们一直高度关注童话故事的修辞、审美和道德等功能,而对其思维教育功能却没有引起足够的重视。由上可见,童话故事其实是一座复合矿,采用不同的方法和手段,就可以提炼出不同的矿种。我们不能因为提炼出了金子,就认为扔掉的都是废渣,相反地,我们时常需要从新的角度去思考:可能还有其他珍贵的稀有金属!

附录三　隐喻认知与儿童游戏的设计①

董文明　徐慈华　翁云云

一、隐喻认知与游戏魔环

　　隐喻的研究有着非常悠久的历史,学者们对隐喻的认识也在不断地深化。早在古希腊时期,亚里士多德就曾在《诗学》中指出,隐喻是"用一个表示某物的词借喻他物,这个词便成了隐喻词……"(亚里士多德,2005:149)到了 20 世纪 30 年代,英国修辞学家理查兹开始将认知引入隐喻分析。他在《修辞哲学》一书中写道:要决定某词是否用作了隐喻,可以通过确定它是否提供了一个主旨和一个载体,而且它们共同作用产生了一种包容性的意义。……如果我们能分出至少两种互相作用的意义,那我们就说它是隐喻(Richards,2001:80)。直到 20 世纪 80 年代,概念隐喻理论的提出才标志着隐喻的认知研究范式开始逐渐建立。语言学家莱考夫强调说:在当代隐喻研究中,"隐喻"一词意味着"概念系统中的跨域映射"(a cross-domain

　　①　董文明、徐慈华、翁云云:《隐喻视角下的儿童游戏》,《幼儿教育》,2018 年 12 期。本文在此基础上修改而成。

mapping in the conceptual system）（Lakoff，1993：203）。正是由于这种研究重心的变化和研究范式的变革，才使人们对隐喻问题有了全新的认识。

莱考夫指出，我们的概念系统大都是以隐喻的方式建构的。但概念系统看不见摸不着，我们如何才能验证这个观点呢？莱考夫的基本思路是这样的：我们的概念系统决定了我们的思想情感、我们的行为和我们的语言。相比之下，语言可以较为精细地反映出概念的结构。于是，他开始从我们的日常语言入手，开展全面的分析。我们先来看一下"时间"这个概念。在我们的日常生活中，有很多与"时间"有关的表达："上个星期""下个星期""3 小时之内""10 分钟前""12 小时之后""五年中""七天左右"等。在这些表达式中，我们使用了大量的空间词汇来描述时间。根据概念隐喻理论，在这些表达的背后我们可以找到一个概念隐喻（conceptual metaphor）：时间是空间。

再来看一下关于"人生"这个概念。在日常生活中，我们会有很多与"人生"相关的表达："他的人生前途渺茫""一段坎坷的人生""走完了传奇的人生之路""徘徊在人生的十字路口""在忙碌的生活中，迷失了方向"等等。在这些表达的背后，我们可以找到一个概念隐喻：人生是旅行。根据概念隐喻理论，我们头脑中关于"时间"的概念都是通过"空间"这个概念建构的。这里的概念隐喻"人生是旅行"，不是一句话或一个命题，而是我们头脑中两个概念系统的跨域映射。其中，"人生"是目标域，"旅行"是始源域。可以用图 1 表示为：

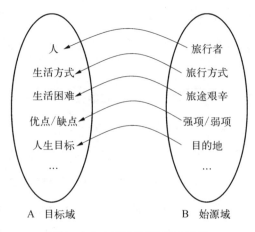

图1 "人生是旅行"的概念映射

通过上面两个例子,我们可以看到,隐喻认知的核心是概念映射。说得通俗一点就是,用已知的、熟悉的和具体的东西来理解未知的、陌生的和抽象的东西。某个特定的概念隐喻一旦被我们所接受,就会对我们的思想情感和一言一行产生重要的影响。正如莱考夫和约翰逊所说:"支配我们思想的概念不仅仅是一个智力问题,它几乎也控制着我们世俗生活运行的每个细节。我们的概念决定着我们能够感知到什么,影响着我们如何与世界相处,以及我们是如何与他人联系起来的。我们的概念系统在我们如何建构生活现实中发挥着重要作用。"(Lakoff & Johnson,1980:3)由于我们的概念系统大多是以隐喻的方式建构的,这就意味着,当我们改变我们的概念隐喻时,我们的思考方式、感知方式和行为方式,都会随之发生改变。我们可以想象一个人把"人生"隐喻化为"旅行",与一个将"人生"

隐喻化为"战斗"的人,他们的价值观、思考方式和行为方式是完全不同的。

在儿童游戏中,隐喻认知随处可见。哲学家杜威敏锐地意识到儿童隐喻化游戏的重要意义,并用了大量的篇幅进行了讨论:"当某些事物变成了符号,而能够代替别的事物的时候,游戏就从简单的身体上的精力充沛的活动转变为有心智的因素的活动了。人们可以看到,一个小女孩把玩具娃娃弄坏了,就用这一玩具的腿来做各种各样的玩耍,诸如为它洗刷,把它放在床上以及爱抚它,等等。这时她是像往常一样,把玩具娃娃的腿当作整个玩具娃娃来做游戏的,因而部分代表了整体;她不仅对当前的感觉刺激作出反应,而且对所感觉的物体的暗示意义做出了反应。因此,孩子常把一块石头当作桌子,把树叶当作盘子,把椰果壳当作被子。对待他们的玩具娃娃、小火车、积木和其他的一些玩具也是如此。在摆弄这些玩具的时候,他们不是生活于物质环境之中,既有自然的意义,也有社会的意义。所以当孩子在玩小马玩具,做开设商店、造房或走访游戏的时候,总是使物质事物附属于所代表的观念上的象征事物。"(杜威,2010:132-133)杜威所描述的儿童游戏场景正是通过隐喻化方式建构的,隐喻认知赋予儿童超越物质性感知而进入意义世界的能力。

20 世纪初,荷兰思想家约翰·赫伊津哈(Johan Huizinga)曾在《游戏的人》(*Homo Ludens*)一书中提出了"魔环"(magic circle)这个概念。赫伊津哈认为,游戏可以建构起一个"魔环",将参与者与外部世界暂时隔离开。参与者在游戏中服从于一个暂时的社会系统,这个系统的规则仅仅适用于游戏过程,对这个"魔环"之外的人或事,并不起任何规定作用。"魔环"定义的边界可以是物理性的,也可以是虚拟的(韦巴赫和亨特,2014:33)。隐喻化的游戏同样发挥着这种"魔环"的作用。想象一下,有个老师要让小朋友们到操场上跑800米。肯定会有很多小朋友会说:"啊,又要跑步啊,太无聊了,太累了!"但这个时候,老师换了一种方式,对小朋友们说:"那我们玩老鹰捉小鸡的游戏吧!我是老鹰,XXX是母鸡,其他同学都是小鸡。"这个时候,小朋友肯定会乐在其中。老师的隐喻性表达,启动了一个游戏脚本,建构了一个带"魔环"的游戏空间。只要大家都接受这个游戏邀请,都在这个"游戏魔环"之中,老师和小朋友们就会受其中规则的约束和引导。老师伸开双臂,模拟老鹰空中飞行的样子。小朋友们躲到母鸡的后面,感受着莫名的恐惧和快乐。正是隐喻所建构的游戏空间,改变了我们的认知、行为和情绪。

二、儿童游戏中的多模态隐喻

目前,大量来自各个领域的实证研究已经表明,隐喻普遍存在于我们的日常生活语言和特定的专业话语之中;而且,很多研究都指出了隐喻在抽象思维、情感表达、美学体验中扮演着重要的角色(Gibbs,2008:3)。在儿童的日常生活中,像"老鹰捉小鸡"这样的隐喻化游戏,无时无刻不在发生。

著名漫画家丰子恺先生用画笔记录下了一幅幅生动形象的儿童

日常生活场景。画家细致的观察和生动的笔触，为我们了解儿童的隐喻认知和隐喻行为留下了宝贵的资料。

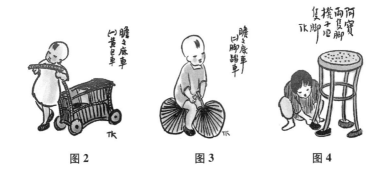

图2   图3   图4

　　在图2中，"瞻瞻"把自己的婴儿推车看作是黄包车，玩起了拉黄包车的游戏。在图3中，"瞻瞻"把蒲扇当作是脚踏车的轮子，两个蒲扇前后一摆，就玩起骑脚踏车的游戏。图4画的是"阿宝"给凳子的脚穿上鞋子。这三幅画所描绘的儿童行为，均是儿童隐喻认知的行为印证，即根据两个事物（婴儿推车—黄包车；扇子—脚踏车轮；凳子脚—人脚）之间的相似性，把一个事物（婴儿推车、扇子、凳子脚）隐喻为另外一个事物（黄包车、脚踏车、人脚）。儿童正是通过隐喻认知，重构了全新的游戏空间，从而改变了儿童对周围事物的感知方式，并搭建了全新的行为互动模式。

　　除了儿童个体的隐喻认知和游戏行为外，儿童与儿童之间，儿童与成人之间的互动游戏也可以通过隐喻化得以建构。丰子恺先生的漫画还为我们展示了多主体间的游戏行为，同样是基于儿童隐喻认知的典型案例。图5描绘的是中国传统的游戏——老鹰捉小鸡：一个小孩伸开双臂,扮演老鹰,另外几个小孩排成一列,在"母鸡"的保护下东躲西藏。图 6 描绘的是两个小哥哥,一个站着,一个弯腰,扮成了马,小弟弟骑在上面,玩起了骑马游戏。图 7 是两个小孩在玩过家家,一个当爸爸,一个当妈妈,大桌子就是他们的家。图 8 描绘的是一个亲子互动游戏,爸爸跷起二郎腿,女儿站在爸爸腿上,玩起了坐飞机的游戏。不难看出,上述 4 个游戏脚本(script)以及由此展开的多主体游戏行为都是隐喻化的产物。

图 5　　　　　　　　　图 6

图 7　　　　　　　　　图 8

丰子恺先生在《谈自己的画》一文中写道："我家没有一个好凳子，不是断了脚的，就是擦了漆的。它们当凳子给我们坐的时候少，当游戏工具给孩子们用的时候多。在孩子们，这种工具的用处真真广大：请酒时可以当桌子用，搭棚棚时可以当墙壁用，做客人时可以当船用，开火车时，可以当车站用。"（丰子恺，2013）一张小小的凳子，既可以是桌子，是墙壁，是船，也可以是车站，那是因为儿童在不同的游戏活动中，用同一个物件建构的是不同的隐喻脚本，而这些隐喻脚本反过来又重新塑造了儿童对客观世界的观察和感知。这不禁让我们想起钱锺书先生在《管锥编》中谈论比喻时说的一句话：是雨亦无奇，如雨乃可乐！儿童也正是通过隐喻认知完成了对周围世界"似是而非"的重构，才使他们能够乐在其中。

在上述案例中，我们可以看到，儿童游戏世界中的隐喻大多是以多模态的形式存在的。根据概念隐喻理论，隐喻是一种基本的认知机制。因此，隐喻认知可以通过语言符号、图像符号、声音符号、手势符号、触觉符号、气味符号等多种符号形式表现出来。根据用于表达始源域和目标域的符号形体是否同属于一种模态，隐喻可分为单模态和多模态两种不同的类型。前者指的是，目标域和始源域只用或主要用一种模态来呈现的隐喻；后者指的是，始源域和目标域分别用或主要用不同的模态来呈现的隐喻（Forceville，C. & Urios-Aparisi，E. 2009：23－24）。在儿童游戏中，语言、手势、物体、声音有机结合在一起完成了隐喻认知的表达，以及对游戏空间的建构。

这种多模态的游戏建构不仅表现在儿童与儿童之间随机性较高

的游戏互动中,而且可以体现在成人为了实现特定的目的而精心设计的互动模式之中。例如,美国 GE 集团的工程师 Doug Dietz[①] 在用户体验调查中发现,儿童在接受 MRI、CT 等医学检查时,常常会有强烈的恐惧感,因为他们经常要一个人躺在检查室里接受机器扫描,而且还会听到机器发出的让人不安的嗡嗡声。于是,他和他的同事想出了一个办法,把机器以及放置机器的房间涂上了儿童熟悉和喜爱的各种探险主题图画(见图 9、图 10、图 11 和图 12)。这时,儿童进入扫描室就仿佛进入一个冒险情境。他接受医学检查的过程被隐喻成了一个可以带来冒险乐趣的游戏过程:有的房间成了大海,扫描的机器就成了潜水艇;有的房间成了森林,扫描的机器就成了孩子们露营的帐篷。

在这个设计过程中,目标域是 MRI 或 CT 仪器以及它们所处的检查室,而设计师通过图画将此隐喻为海洋、森林等不同的源域。目标域和始源所呈现的模态是不一样的,因此属于多模态隐喻。正是

图 9

图 10

① 参见 http://dschool.stanford.edu/student/doug-dietz/。

图 11   图 12

通过这种多模态的隐喻化情境重建,医学检查活动被隐喻化为一种游戏行为,极大程度上消解了儿童对医学检查的恐惧感。

通过上面的案例分析,我们看到,我们可以通过启动儿童的隐喻认知,来重构他们对周围世界的感知方式和行为方式。对于儿童教育而言,这一点无比重要:我们可以通过多模态隐喻化重建,打造有利于引导儿童感知和行为的游戏空间,让儿童在一个隐喻化情景中,更好地享受游戏带来的乐趣,从而轻松愉快地达到教育教学的目的。

三、隐喻认知与儿童游戏创新

在儿童教育领域,游戏的创新一直是困扰很多教育者的难题。事实上,隐喻认知本身就是激发创造性思维的重要方式。不少科学家已经达成共识,认为隐喻是创造性思维的工具,它不仅是科学活动的产物,而且有助于新的科学理论的创生(郭贵春,2007:43)。因此,我们可以利用隐喻认知来推动儿童游戏活动或游戏构成要素的创新。

在知识管理领域,野中郁次郎在《组织知识创造的动态理论》(1994)一文中,直接引入了莱考夫和约翰逊有关概念隐喻的观点,用了很大的篇幅来阐述隐喻认知与知识创造之间的关系。他认为,隐喻是一种非常重要的创造概念网络的方法,它有助于我们运用已经存在的知识创造出面向未来的知识(Nonaka, 1994)。英国哲学家波兰尼(Polanyi)将知识分为暗默知识(tacit knowledge)与形式知识(explicit knowledge)。暗默知识是指与特定情境相关的个人知识,它难以进行形式化,也难以进行交流;相反,形式知识,就是那些由形式、系统的语言表达,可以进行传递的知识(野中郁次郎&竹内弘高,2006: 67)。所谓的表出化(externalization)就是将暗默知识表述为形式知识的过程。它采用比喻、类比、概念、假设或模型等形式将暗默知识明示化,是知识创造过程的精髓。(野中郁次郎&竹内弘高,2006)野中郁次郎和竹内弘高所提到的几种表出化方式,实际上都与隐喻认知密切相关。

隐喻认知之所以具有创新性,是因为它通过将两个原来相距甚远的概念放在一起而形成一种对事物和问题的新的洞见。在隐喻认知中,除了映射机制之外,还有一个重要机制叫概念整合。所谓"概念整合"指的就是将两个输入空间(Input Space)通过跨空间映现和选择性投射,形成一个全新的、动态的复合空间(Blended Space)的过程(Fauconnier & Tuner, 1995)。通过概念整合,我们可以不断实现游戏设计的创新。比如,我们要让小朋友踩着线从一端走到另一端。我们可以将其隐喻化为"过桥"游戏,也可以隐喻化为"开火车"游戏。这些隐喻化过程,还可以进一步整合入新的概念。比如说,旁边放些小木块代表小鱼,放些大木块代表鳄鱼。脚一离开线,玩游戏的小朋友就表示被鳄鱼"吃掉"。

除了游戏活动设计外,我们同样可以运用"概念整合"机制来设计用于游戏的玩具。符号与认知实验在完成"萝卜青菜棋""农场里的记忆大师""益智答题板""盒趣"创意骰等玩具设计时,均运用了隐喻认知以及概念整合机制。在设计"萝卜青菜棋"时,我们先将一个"木制手机支架"的背面隐喻化为一块"菜地",然后想到这可能也是一个"棋盘",于是整合入"井字棋"这个概念。受到"菜地"概念的影响,我们把"井字棋"中的棋子改造成橙色和绿色的棍子,分别代表"萝卜"和"青菜"。我们用相同的方法设计了多个用于思维教育的益智游戏教具。

在游戏的设计过程中,有些隐喻化过程是从目标域开始,借助相似性的联想,寻找合适的始源域。除此之外,还可以通过"随机词汇法"来引入一些全新的概念。随机词汇法指的是,我们在解决问题时,通过随机选择一些词汇来不断地激发创意。思维训练专家爱德华·德博诺在《创新思维训练游戏》一书中提供了大量运用随机词汇进行创新的练习。在游戏设计时,我们可以通过随机词表抽取一个或几个随机词,然后将其触发的概念整合入需要我们改造的目标域。比如说,我们要对教室进行游戏化改造,抽到的随机词是"生姜"和"狗洞"。先来看一下"生姜"这个概念是如何整合到教室里的。生姜是一种调味品,做菜时加些生姜可以让食物更鲜美。如果教室是一道菜,学科内容是主料,那么什么是调料呢?我们可以增加什么类似调味品的东西让教室更加好玩,更加有趣呢？这些提问和思考,就是在隐喻驱动下的建构过程。再来看一下"狗洞"这个概念。如果教室的门就是一个"狗洞",老师和同学们上课都需要爬进去了,那会是一种什么样的场景？既然"门"是"狗洞","教室"就有可能是个"狗窝"。如果教室是一个"狗窝",那我们应该在狗窝里设计一个什么样的课程,这类问题和思路会不断地启发我们。

四、结语

作为一种基本的认知机制,隐喻认知普遍存在于儿童的游戏活动中。它往往会以多模态隐喻的方式帮助游戏参与者建构游戏"魔环",深刻地影响游戏参与者的行为方式和感知模式。此外,隐喻认知作为一种创新思维的重要工具,可以激发游戏设计者的设计活动。当前人们对隐喻与游戏的认识仍处于起步阶段。隐喻性游戏建构的发生条件是什么？如何用有意识的隐喻语言引导儿童的游戏行为？如何在隐喻认知的基础上运用随机词汇更好地激发儿童游戏设计？很多问题都有待进一步的探讨和分析。

主要参考文献

1. 德博诺:《创新思维训练游戏》,北京:中信出版社,2009 年。
2. 郭贵春:《隐喻、修辞与科学解释》,北京:科学出版社,2007 年。

3. 韦巴赫和亨特:《游戏化思维——改变未来商业的力量》,杭州:浙江人民出版社,2014 年。

4. 亚里士多德:《诗学》,北京:商务印书馆,2005 年。

5. 野中郁次郎,竹内弘高:《创造知识的企业:日美企业持续创新的动力》,北京:知识产权出版社,2006 年。

6. Fauconnier, G & Turner, M. "Conceptual Integration Networks." *Cognitive Science*, vol. 22, no.2, 1998.

7. Forceville, C. J. and Urios-Aparisi, E. Introduction. In *Multimodal Metaphor*, eds C. J. Forceville and E. Urios-Aparisi, 3–17. Berlin/New York: Mouton de Gruyter, 2009.

8. Fauconnier G, Turner M. L. "Conceptual Integration and Formal Expression". *Journal of M etaphor and Symbolic Activity*, 10(3): 183–203, 1995.

9. Gibbs, R. W. *The Cambridge Handbook of Metaphor and Thought*. New York: Cambridge University Press, 2008.

10. Lakoff, G. "The contemporary Theory of Metaphor." In *Ortony*, A. (ed.). *Metaphor and Thought*. Cambridge University Press, 1993.

11. Nonaka I. "A Dynamic Theory of Organizational Knowledge Creation". *Organization Science*, 5(1): 14–37, 1994.

12. Richards, I. A. (1936) *The Philosophy of Rhetoric*. Routledge, 2001.

附录四　实践记述

一、吟吟的记述

吟吟,1991 年出生的北京女孩。爷爷奶奶家住杭州,吟吟幼时曾经两度生活在爷爷奶奶身边,其后也曾几度从北京到杭州探望过爷爷奶奶。出于对孙女深切的爱以及职业习惯,爷爷对吟吟进行过一些逻辑和符号学的观察、实验,并且记录了下来。

- 吟吟 1 岁

吟吟第一次离开父母在杭州上小托班。春节刚过,天气寒冷,每天早晨由奶奶为她披上披风,然后送小托班。几天过后,每当奶奶为她披披风时,她就哭,因为她明白奶奶要送她上小托班了,而这是她最不愿意做的事情。

这不明明就是吟吟的推理吗? 而且是演绎推理哩! 一个还不会说话的孩子,似乎也没有思维,因为"逻辑"的定义是"研究思维形式的科学",爷爷作为逻辑工作者,当初真的不知道如何作出解释。

如今的解释是：这里的确有前后连续的两个推理：前一个推理的前提是奶奶为她披上披风，结论是奶奶将要送她上小托班；后一个推理的前提是她不愿意上小托班，结论是用哭声表示自己反对的态度。吟吟的推理属于动作逻辑，在吟吟的小脑袋瓜里，没有明晰的概念，只有"感知—运动"图式（一种条件反射），由于动作协调的结果，形成最初的"逻辑的格"。幼儿在还不会说话的时候，对于不愿意做的事情，一般都会用哭声来发表意见。

这是思维、语言滞后于逻辑的一个颇具典型意义的例子。

吟吟会用指点的方法表示自己知道的东西，比如问她什么是桌子、沙发、大楼、小桥、花儿、草儿，她都能够一一指点出来。有一次，爷爷问她："你知道什么是呼啦圈吗?"她从房门背后把呼啦圈拖了出来。

这是儿童分类的一种认知方法，即利用图式的差异把不同事物区分开来，形成最初的"前概念"。作为教养者，这样的训练属于区别性训练。

这个例子说明了儿童的理解先于表达。家里没有人着意教过她"呼啦圈"的概念，而她却能够拖出呼啦圈，说明孩子平时留心大人们说话，并且细致地观察周边的事物，能够把不同事物区别开来。

吟吟在大人的引导下会说"爸爸""妈妈"。虽然只会说这两个词,但是她似乎已经懂得不少,常常用点头或者摇头表示自己的意见。比如问:"你喜欢妈妈吗?"她会点点头;"睡觉去,好吗?"她会摇摇头,有问必"答"。吟吟真的无所不知吗?有位"狡猾"的阿姨微笑着亲切地问道:"叔叔是个大坏蛋,对吗?"吟吟频频点头。吟吟上当,乐坏了大家。

幼儿理解先于表达,吟吟还不会说话,那是因为发音器官发育不完全,但她已经懂得一些语词的含义(尽管似懂非懂),能够和大人进行初步的交流。这里所说的"含义"只是一些初级的意象而不是概念,她所理解的句子也不是命题,因而难免受到大人们的"捉弄",作出错误的判断。

吟吟特别喜欢听故事。每当她啼哭的时候,爷爷给她讲《小白兔找舅舅》的故事,她就立即停止啼哭。吟吟到底听懂多少,为什么听同一个故事会如此津津有味、百听不厌呢?爷爷很长时间没有弄明白。

原来吟吟的大脑里已经有一些初级的意象,即想象性表象唤起她听故事的兴趣。因为对故事中的小白兔、小猴儿、小熊这些小动物和自行车、飞机、轮船等交通工具,吟吟都不太陌生;"舅舅"的亲缘关系或许听说过,都可以在她的小脑袋里形成表象,因而兴味盎然,忘记了原来不高兴的事情。幼儿记忆突出的特点是无意记忆和形象记忆占优势,对于故事情节一时还记忆不了,所以简单的重复叙述对吟吟来说总是很新鲜的。

儿童有天生的"泛灵论"倾向,即儿童为无生命的事物赋予生命的倾向,也包括给非人类的事物赋予人类思想和行为的倾向。所以,童话故事对于儿童具有永久的魅力。

• 吟吟 1 岁半

爷爷在准备识字卡片,叔叔说:"爸爸,你要培养小天才吗?"爷爷说:"不! 我想做一个符号学的实验。"爷爷幼年读《幼学琼林》,书中说:"白居易生七月便识'之''無'二字。"而且百试不差。爷爷心里一直存疑:七个月的孩子,连话都不会说,怎么会识字呢? 几十年过去了,爷爷从吟吟的理解力得到启示,忽然开悟:如果吟吟能把不同的字分辨出来,不就是识字吗? 爷爷在小卡片上分别写上"爷爷""奶奶""爸爸""妈妈"和"吟吟"等文字,然后教她辨认。教会了,爷爷说出其中一个单词,吟吟就用手指点出那张卡片。点对了,大家鼓掌,有时候忘记鼓掌,吟吟自己拍起小手来。巩固了第一批单词之后,爷爷又写出"叔叔""婶婶"的卡片,吟吟居然一次就学会了。经过这样的训练,每当表演时,确实做到了"百试不差"。

符号只是传达思想感情的媒介物,而不是事物自身。吟吟已经懂得这一点。当有人要她辨认"爷爷"时,她常常把卡片拿到爷爷面前,似乎是在说:"这就是你——爷爷!"吟吟当然知道,卡片上的"爷爷"只是两个字,它代表爷爷,而不是爷爷本人。也就是说,吟吟懂得了什么是符号,爷爷的实验成功了。

- 吟吟 2 岁

吟吟在杭州的五个多月学会了几十个单词。回北京后,吟吟很快学会说"爸爸好""妈妈好"之类完整的句子,还会"生成"像"阿姨要发财了"这样从未有人教过的句子。在以后的一些时间里,吟吟学话,小嘴巴能说会道,有时候妙语连珠。比如"你家有我家的爷爷吗?""长胡子的爷爷是脏爷爷,没有胡子的爷爷是漂亮爷爷"。语法无误而充满童趣。她很快就掌握了一些虚词的用法,满口"因为""所以""于是""不过"等等。有一阵子,吟吟常说"可是,可是——",爸爸担心会形成口吃,不许她以后说"可是"。吟吟说:"我不说'可是'了,行吗? 可是……""可是"又来了。或者由于习惯,或者是说"可是"有时还是要用的。

这里记述了吟吟学会说话的全过程,也体现了吟吟思维能力发展的状况:吟吟在学会说话以后,迅速提高了推理和推理表达的本领。其中虚词,特别是"因为""所以",正是推理的语言标记。

根据皮亚杰的理论,儿童语言无须任何训练,模仿是儿童获得语言的重要途径。儿童在同成人的接触中能够直觉地理解那些说不清楚的语法规则,但他们不是简单的鹦鹉学舌,而是有选择的模仿,能动地构建语言,因而能够创造出("生成")从来没有学过的句子。

- 吟吟 4 岁

　　在散步的路上,吟吟常常自称"王老师"(幼儿园老师),爷爷、奶奶、妈妈都是她的"小朋友"。她要"小朋友"们排好队,由她领着,"一二一"地走路。她还不断地调整队形,纠正动作,折腾得大家实在忍受不了。

　　回到家里,吟吟搬来一个长方形的凳子,放在茶几前当讲桌,背后的电视屏幕好像黑板,坐在沙发上的大人们都是她的学生,"王老师"要讲课了。大家说,你姓陈,不能叫"王老师",但也不能叫"陈老师",因为爷爷是陈老师,叔叔是小陈老师,你嘛,只能是小小陈老师了。吟吟认可这个称呼。

　　小小陈老师把沙发背上几本《茶博览》发给大家作教材,然后说道:"小朋友们!请把书翻到××页。"在逐一检查"学生"们所翻的页码之后,才正式讲课。吟吟教的课程很多,讲故事、唱歌、跳舞、体操、手工……教学内容是吟吟随意编的,有一次讲小白兔和大灰狼的故事,把"杭州大学"也编排了进去。

　　小小陈老师非常热心于教学,一有机会就给大家上课。一次上课时被妈妈喊进去睡觉,她趁妈妈不注意溜了回来,继续讲课。小小陈老师对学生也很严厉,奶奶调皮,她把奶奶关了禁闭,直到大家一起抗议说:"老师关学生禁闭是违法的。"她才把奶奶放了出来。

吟吟对当"小小陈老师"非常自豪。叔叔去美国读博士,吟吟骄傲地说:"他是我的学生!"当别人表示怀疑时,她反问说:"难道不是吗?"

模仿的特征在于区别指称物和被指称物,以及它们的相似性,意味着儿童智力进入象征性思维阶段。这里记录了吟吟对幼儿园王老师教学行为的模仿,再现王老师带领孩子们排队走路和上课时讲故事、唱歌跳舞等具体情节。吟吟很投入,这无疑是她最喜爱的一种象征性游戏,所以乐此不疲。(吟吟要"学生"翻书页,似乎不是模仿王老师,而是跟随爷爷奶奶参加一次电脑学习班学来的。)

处在象征性思维阶段的儿童只具有概念前观念,往往把客体互相混同。吟吟把叔叔当成自己的学生,也就认为叔叔真的就是她的学生,所以理直气壮地反问别人:"难道不是吗?"

吟吟模仿王老师的游戏属于有规则的社会游戏,有角色分工和游戏规则。在这个游戏中,她不是王老师但必须装扮成同王老师"相似",其中就有许多"王老师怎样,所以我怎样"的类比推理。

吟吟的小脑袋瓜活跃得很。一天晚上,吟吟陪同爷爷奶奶散步时,她说:"小羊为什么要吃草呢? 因为它饿了。小白兔为什么蹦蹦跳跳呢? 因为它聪明。小飞机为什么会飞呢? 因为它要到天上找小朋友玩。"这一连串充满童趣的自问自答,不是演绎推理又是什么？有一次，吟吟宣布一个重要的发现，她说："我发现每一个女人旁边都有一个男人。"大家问她为什么，她证明说："妈妈旁边有爸爸，婶婶旁边有叔叔，奶奶旁边有爷爷。不是吗？"这可是一个典型的归纳推理哟！

幼儿在直觉思维阶段是通过直觉的协调来控制判断的，这时候的推理为直觉推理。吟吟这一连串的"因为"推理为直觉演绎推理，前提和结论都来源于直觉。由于直觉的不可靠性，所以三个"因为"中只有第一个"因为"大体正确，第三个"因为"最不靠谱。她的那个"发现"推理为直觉归纳推理，也不正确，她还不知道存在单身女人。不过有一次吟吟还说到另一个发现："所有小朋友的妈妈都是女的，爸爸都是男的。"这是她根据所看到幼儿园来接孩子的家长们推出的，则是一个从个别到一般的正确归纳推理。

- 吟吟 6 岁

吟吟 6 岁时来到杭州，爷爷给吟吟出了几份问卷，其中两份是考察吟吟逻辑思维能力的。

问卷一："你能回答下面的问题吗？"

问：A 哥哥比 B 哥哥大，B 哥哥比 C 哥哥大，A 哥哥跟 C 哥哥哪个大？

答：A 哥哥大吧？A 哥哥大。

问：A 比 B 大，B 比 C 大，A 跟 C 哪个大？

答：A 大。

问：世界上大人多，还是小孩多？

答：大人多。爸爸妈妈、叔叔阿姨、爷爷奶奶、姥姥姥爷都是大人。宝宝是小孩(吟吟自称宝宝)。

问：世界上男人多，还是女人多？

答：太难了。一样多吧？

问：世界上人多，还是女人多？

答：人多。人有叔叔阿姨，爸爸妈妈，爷爷奶奶……加上宝宝。阿姨、妈妈、奶奶、姥姥是女人。宝宝是小女孩，不算女人。

笔者曾经见到一本幼儿教材，一开始就是画圆圈的类逻辑(集合论)最基本的知识，这份问卷就是根据这一思想设计的。吟吟的答案很准确。至于"宝宝是小女孩，不算女人"，属于语词意义，自然不是小孩子所能理解的。

问卷二：你能用下面的词语各编出一句话吗？

1. 不但，而且："你不但吃了我家桃子，而且还吃了我家苹果。"

2. 虽然，但是："虽然你帮助我，但是我也帮助了你。我们互相帮助。"

3. 或者,或者:"或者吃我家的梨,或者吃我家苹果。随便你吃。"

4. 要么,要么:"要么你洗脚睡觉,要么坐在沙发上看电视。"

5. 如果,那么:"如果你想干好这件事,那么就要把工具带齐。"

6. 只有,才:"只有好好学习,才给你奖励。"

7. 因为,所以:"因为你老写错别字,所以我让你重写。"

这个问卷用来考察吟吟运用逻辑联接词的能力,答案正确无误,而且充满儿童的生活气息和情趣。

笔者用以上两份问卷考察吟吟之后,惊讶于答案的准确性,并因此改变了对儿童逻辑思维能力的估量,感受到儿童大脑的巨大潜力。

二、元元的记述

元元和方方也是在北京出生的孩子,是女孩吟吟的堂弟和堂妹。元元 2005 年 7 月生,方方 2009 年 5 月生。爷爷对元元和方方爱之弥深,在冬夏来北京期间,同孙儿孙女嬉戏之余想到对他们进行比较系统的逻辑思维训练,希望对他们的健康成长有所裨益。

• 元元 10 个月

2006 年 5 月,元元降生 10 个月,爷爷奶奶来到北京,见到孙儿聪

明俊秀,深深地爱在心里。爷爷通过观察,写有《小伢儿》小诗四首:

> 伢儿刚十月,懵懂智初开。辨物多欣喜,亲亲爱满怀。
>
> 咿呀似学语,奶气奶声甜。妈爸连珠唤,仍然不是言。
>
> 漫远人生路,早晨四足行。自由须竞取,埋首迈前程。
>
> 有心学站立,杨柳小蛮腰。摔跤复立起,立起再摔跤①。

《小伢儿》第一首说元元在大人启发下开始学习辨认事物,把对象事物与周边的事物区别开来。第二首说元元虽然会发出"爸爸妈妈"的音节,但并不就是指称爸爸妈妈,因而还不能算是说话。第三首说元元学会爬行。元元爬行的姿势很特别,低着头,甩开两臂,一步步向前爬。第四首说元元学习站立时那可爱的神态和坚忍不拔的精神,可还是未能站立。

- 元元 2 岁半

2008 年初,元元的小嘴巴什么话都会说,有时候还会说出令人想不到的妙语。比如有一次,元元跟奶奶说话时对着奶奶吹了一口气,妈妈认为是对奶奶不礼貌,要他说声"对不起",元元不吭声。爸爸坚持要他说"对不起",过了一会儿,元元说:"对不起! 没有这个电话号码。"把大家逗乐了。在元元看来,他同

---

① "早晨四足行",见斯芬克斯故事,指小儿爬行。"小蛮",白居易侍女,善舞,白因有"杨柳小蛮腰"诗句。

奶奶闹着玩，没有什么"对不起"。如果一定要说，他只好说了电视剧里听到的这句台词。

此例说明儿童具备独立思维能力和能动地构建语言的能力。元元不认为自己有错，但又不想拂逆大人的意志，在复杂的思维和推理过程中，他选择一种"曲说"的方法，既说出了"对不起"，以满足爸爸妈妈的要求，又坚持了"自己无错"的观点，幽默且得体，难怪大伯戏说这是儿童语言的经典。

一些心理学家认为皮亚杰低估了儿童的智力发展。从年龄段来看，元元刚刚进入象征性思维阶段，但元元所表现的智力似乎不是象征性思维特征所能解释得了的。笔者以为皮亚杰或许低估儿童智力，然而年龄段的划分只是相对地说明儿童在年龄段内的主要智力特征，并不具有绝对的意义。或许有人以为元元聪明，只是个案，实际上今天谁家孩子不聪明呢？

- 元元3岁半

2009年春节期间，一家人去塞班岛度假，元元仰望塞班岛大海上空的蓝天白云说："我从云彩上跳下来，大海里那么多漂亮女孩一齐伸手把我接住。"元元很有想象力，想象的意境很美，而大人们却开玩笑说他从小就喜欢女孩，是"小贾宝玉"。

元元的想象，心理学称为"自由联想"，即对刺激物说出首先想到的事物。自由联想是一种想象表象,最早出现在象征性思维阶段。联想由此及彼,在一定意义上即是联想推理。

- 元元 5 岁

　　元元的绘画作品《梦》——送给大伯的生日礼物,得了全国儿童画评奖奖励。爷爷细看这幅画,画上画有阳光、大树、飞鸟和飞翔的天使,还真能说出一些象征意义,既是"梦"的再现,又有生日礼物的意涵。当然,元元没有想得这么多。

皮亚杰说:"绘画是信号性功能的一种形式,它被看作象征性游戏和心理表象之间的中介。从它的愉悦功能和终极目标来看,好像是象征性游戏,从它的力求模仿现实来看又好像是心理表象。"[①]儿童的绘画是把客观现实吸收到主体图式中的一种自发的同化作用,犹如心理表象一样,它是比较接近于模仿的协调作用的。人们不大看得懂西方抽象派绘画,爷爷倒是觉得儿童画颇有些类似于抽象派绘画的意味。是不是天真的儿童与抽象派画家们心有灵犀呢?

　　爷爷告诉元元,吟吟姐姐小时候说过"好孩子就是讲道理",元元表示同意,遇到问题时一般都能接受爷爷讲的道理。有一次,元元在玩新玩具"打地鼠",有声有光很好玩,妹妹方方看见

---

　　① ［瑞士］皮亚杰、英海尔德著,吴福元译:《儿童心理学》,北京:商务印书馆,1987 年,第 49 页。

了就来抢,元元不给,眼看冲突就要爆发。爷爷说:"你不想给妹妹,对吗?"元元点头。"可是妹妹还不会说话,没办法跟她讲道理;你不给,她就会闹,是吗?"元元点头。"那怎么办呢?"元元望着爷爷。爷爷说:"你把玩具给她,她不会玩,很快就不玩了,你再玩。这样似乎不公平,可你是哥哥呀!"元元表示同意,把玩具给了妹妹。方方玩了几下,爷爷用另一个玩具把"打地鼠"换了下来,还给了元元。

这段记录体现了逻辑的说服力。从一定的意义上说,逻辑就是说服的科学和艺术。这件事情说明元元的思维很理性,在爷爷的说服下暂时放弃心爱的玩具,避免了同妹妹的一场冲突。从另一方面说,爷爷的话也是有说服力的。生活中常有"说而不服"的现象发生,通常因为孩子不接受理性思考,或者因为说服者不懂得说服的逻辑,没有掌握说服的艺术。

- 元元5岁半

元元从上幼儿园小班开始就喜欢玩搭积木的游戏,如今上幼儿园大班了,搭积木往往有精彩的构思,比如在护城河上设置能够起落的吊桥,建造能够上下左右转动的高射炮。元元喜欢同爷爷一起搭积木,一老一小心灵相通,元元先行构思,然后搭建,爷爷帮助他完善。两人同心协力,经常创造出令人耳目一新的作品来。

下面插图是元元搭积木的部分作品：1. 电视塔；2. 火箭点火时刻；3. 气象站；4. 会翻跟斗的怪物；5. 能够上下左右移动的高射炮。

图1　电视塔　　　图2　火箭点火时刻　　　图3　气象站

图4　会翻跟斗的怪物　　　图5　能够上下左右移动的高射炮

搭积木是一种颇富创造性的象征性游戏，是"寓教于乐"，训练儿童逻辑思维能力的一种好形式。搭积木还可以帮助孩子变得心灵手巧,养成勤于动手的良好习惯。

　　元元每晚听爷爷读讲《十万个为什么》中的一个故事,第二天复述给妈妈听。元元最近在"疯狂家族"学校学自然科学,在老师的帮助下制作了一枚火箭,能射出好几米远。元元的动手能力很强,会在短时间里把有上百个小零件的新玩具按图纸组装起来。元元玩电子游戏,无论是"切西瓜""打僵尸",还是其他游戏,思维敏捷,动作快捷,连一位自称"高手"的叔叔也佩服地说他是"世外高人"。

　　"一切科学都是应用逻辑。"一位伟人是这样说的。儿童学习自然科学,参加科学实验,也属于"应用逻辑"的思维训练。儿童的动手能力既是"动作逻辑"的延伸,也是理论与实践相结合的具体体现。

　　元元学棋是从四子棋开始的。在元元四子棋比较娴熟之后,爷爷教他五子棋,不多久,元元就可以跟"高手"过招了。于是,爷爷开始教元元国际象棋和中国象棋。元元对国际象棋那些立体棋子感兴趣,不长时间就掌握了有点儿复杂的规则,开始跟大人们较量。由于中国象棋的规则与国际象棋有许多相同或相似之处,元元很快又学会了中国象棋。

棋类游戏的每一步都是逻辑推理。《幼学琼林》"制作"篇说:

"尧帝作围棋以教丹朱,武王作象棋以象战斗。"儿童下棋既是一种象征性游戏,也是寓教于乐的逻辑思维训练。那些象征性战斗可以激发儿童们的竞争意识,为了获胜,他们认真地推算着每一步棋。有不少名人说过,他们的成功曾经获益于孩提时代的棋类训练,特别是围棋。

- 元元 6 岁

夏天,爷爷从杭州过来,以为元元忘记了所学的国际象棋和中国象棋,没有想到元元主动发起挑战,要跟爷爷下国际象棋,爷爷还没有进入角色,就被元元杀得落花流水。元元对中国象棋中的当头炮、连环马、双车错等技法也会运用。有一次在大伯让子的情况下用"双炮重"赢了大伯。现在元元跟围棋高手大伯学围棋,爷爷任辅导员。元元下棋的心态非常好,赢了棋很高兴,输了棋也很快乐。爷爷对此十分欣赏。

在棋类游戏中,教养者既要提高儿童棋艺,训练推理能力,也要培养儿童良好的竞争心态,赢得起也输得起。或许后者更为重要。

元元上"乐高课",在老师指导下学习应用电脑程序搭积木,创作一些生动有趣的作品,比如会咬人手指的鳄鱼、会扇动翅膀的小鸟,还有会左右移动的足球守门员,元元一只手用小足球射门,另一只手操作电脑守门,自己跟自己比赛,手脑并用,激烈而有趣。

应用现代科技培养儿童动脑、动手能力,无疑有利于开发儿童的逻辑智力。元元特别喜欢汽车机器人,能够熟练地组装、拆卸,随意地变化它们的形态。元元告诉爷爷,妈妈说有机器人大赛,学好了可以参加比赛,元元说他有这个志向。

7月,元元小牛津双语幼儿园毕业。在毕业典礼上,元元参加了大班全部6个节目的演出,还是英语剧《绿野仙踪》片段的男主角。他表演的武术动作挺到位,京剧清唱也很有板眼。

儿童唱歌、跳舞、演戏都是模仿学习,在模仿中发展象征性思维。人们一般认为音乐、舞蹈、戏剧等艺术形式属于形象思维,而与抽象的逻辑思维相对立,实际上这是误解。神经生理学家曾经认为,人的左脑主要负责语言和逻辑思维,右脑主要负责艺术和形象思维,但是近年来研究表明,大脑虽然有脑区功能的分化,总体上却是一个协同工作的系统。不管是抽象思维还是形象思维都会激活大脑两半球的共同参与。人们曾经认为科学家用概念来思考,而艺术家则用形象来思考,实际上形象思维并不仅仅属于艺术家,它也是科学家科学发现和创造的一种重要的思维形式,比如物理学中电力线、磁力线、原子结构等所有形象模型,都是物理学家抽象思维和形象思维结合的产物。人们日常推理更是离不开形象思维,可以说是"形象—逻辑思维"的产物。心理学家研究认为,形象思维的最初形式为具体形象思维。"具体形象思维是以具体表象为材料的思维。个体身上出现具体形象思维后,他就可以脱离面前的直接刺激物和直观的动作,借助于表象进行思考。"儿童的形象思维就属于具体形象思维。"具体形象思维与语言结合后,就可以发展成高级的形象思维。这种思维既带有鲜明的形象,又运用抽象的语词,这样形象和抽象相结合,成为形象逻辑思维。文艺作品就是形象逻辑思维的产物,他用形象来说明深刻的抽象的道理。"[①]

在儿童的逻辑思维训练中,不宜局限于纯抽象的思维训练。儿童的象征性思维和直觉思维都含有丰富的形象思维成分,何况人们(从科学家和艺术家到普通百姓)的创造性从来就是"形象—逻辑思维"的体现。

- 元元6岁　小学一年级

2011年9月,元元成为北京景山学校一年级的学生。对诸如分类、排序等"小儿科"知识的掌握,元元自然不在话下。元元还在数学课里学过"大于""小于"和"等于"关系,爷爷说要教他一种新的"关系",叫作"包含于"关系。爷爷举例说,我们把"中国人"这个类叫作A,"人"这个类叫作B,A包含在B里面。爷爷随手画出图示,元元脱口而出:"包含于关系!"他还解释说:所有中国人都是人,但不是所有人都是中国人。爷爷颇为惊讶,于是进一步给他讲解了"包含""交叉"等关系,依次画出了相应

---

① 邵志芳:《思维心理学》,上海:华东师范大学出版社,2001年,第7页。

的图示。

爷爷说,从前大数学家欧拉用写信的方式给德国公主讲逻辑,讲到类的关系时就是这样画图的,所以这些图就叫作"欧拉图"。元元很喜欢这个故事。

给小学一年级学生讲欧拉图乃至文恩图,应该算是"高起点"了,这可是大学课堂的逻辑课内容啊!元元一听就懂,固然出于爷爷意料之外,但这种一对一的教学方式能够取得最佳效果,又是不难理解的。

爷爷对于元元的接受能力颇为惊讶,答应以后给他讲解诸如"概念""符号"等知识,他说他都知道。(当然他说的"知道",有的只是听说过这些名词而已。)于是爷爷给他讲吟吟姐姐小时候,爷爷给她做符号学实验的故事,并且以汉字为例,跟他说了"符号"的简单意思,他说他懂。

游览动物园那天,方方坐在小车上,爸爸推着小车。小车上方挂的两个氢气球在人丛上方飘动。爷爷对元元说,那两个氢气球下面就是爸爸和方方。游人这么多,你只要看到这两个氢气球就可以找到爸爸和方方了。这两个氢气球就是符号。元元很开心,连连说着:"是符号,符号!"

儿童对于符号的认知并不困难。前面我们说到吟吟的"符号学实验",还不会说话的吟吟都能认知符号是怎么一回事,何况已经上了小学的元元哩!不过知道"符号"是一回事,懂得符号在概念化过程中的中介作用又是另一回事。这还要进行更多的符号学训练。

- 元元 7 岁　小学二年级

　　2012 年 11 月,爷爷从杭州来到北京,成为元元的"室友"。一天晚上睡觉前,爷爷问起元元,一年前跟元元说到的"类"的知识还记得吗? 元元说还记得。爷爷说,苹果和梨是两个类,对吗? 元元说,对! 它们合起来也是一个类,是水果。爷爷高兴起来,问他还记得"包含于"吗? 元元说记得。爷爷问,"人"和"中国人"是"人"包含于"中国人"呢,还是相反? 元元说,应该是"中国人"包含于"人"。爷爷说起"包含于"的符号,元元问怎么写,爷爷说是"等于"两条杠左边连起来,还用大拇指和食指做了一个手势,元元说知道了。爷爷说,把"包含于"反过来就是"包含"。元元很感兴趣,问:有竖起来的符号吗? 爷爷说有,那是类的加法和乘法,以后跟你慢慢说。现在睡觉。

　　爷爷和元元都很兴奋,元元好容易才安定下来,爷爷还在思考。爷爷准备按计划开始给元元讲"类逻辑"比较系统的知识,相信会成功。这样的谈话是一对一教学的优势所在,只要家长具有相应的预备知识就不难做到。

　　元元是个大忙人,校内课、校外班,忙得不亦乐乎,哪有时间来学逻辑呢? 爷爷不忍心再加重元元的功课负担,打算利用对元元的一对一教学优势,化整为零,寓教于快乐的闲谈漫语中之中。爷爷把这种教学法称为"一对一闲聊法"。

在不长的一段时间里,元元学完了"类的逻辑"。爷爷打算对元元进行阶段性检测,但元元究竟掌握了多少,爷爷心里没数,于是爷爷先出一道比较难的题目试试。爷爷问:"学生"和"学校"这两个类是什么关系?学生在学校读书,它们是"包含于"关系吗?元元摇摇头。这是问题的难点所在,爷爷很高兴,问:那它们是什么呢?元元说"不相干",随手画了"类全异"关系的两个圆圈。爷爷说"正确",夸许地揉了揉元元的头。

正式测试是在第三天元元完成作业后的剩余时间里。爷爷问:四个"马蹄"各表示什么?元元说:向右表示"真包含",向左表示"真包含于",向下是加,向上是乘。爷爷接着问了"包含于""属于"和"A补"等一些符号,元元都能准确地回答。接下去元元又回答了一些应用题,也都大体正确。爷爷看表,不过五六分钟。

测试本来可以结束,但爷爷觉得元元在回答"常见的车分为哪几类?"时,元元只是列举了一些车的类别,有必要进一步理解划分标准等知识,于是在另一段时间里,爷爷又同元元一起讨论了车的具体分类问题。至此,"类的逻辑"教学告一段落。爷爷说:"元元,你可以接受爸爸、妈妈的考察了。"

爷爷在拟定教学内容的时候心里没有把握,总是担心难度太高。这次对元元的教学实践取得如此效果,完全出于意料之外,爷爷为此深感欣慰，"高起点"成功有望。

皮亚杰《智慧心理学》说到一项测验：爱迪斯(A)的肤色比苏莎(B)白；爱迪斯比莉丽(C)黑；这三个人中是谁最黑呢？皮亚杰说，12岁以前的儿童几乎没有一个能够正确回答。他说，12岁以前的儿童是按照以下方式推理的：爱迪斯和苏莎是白的，爱迪斯和莉丽是黑的，所以莉丽最黑，苏莎最白，爱迪斯介于两人之间。

爷爷以这道题考察元元，元元竟然脱口而出：B(苏莎)最黑，C(莉丽)最白，A(爱迪斯)在中间。可是元元才7岁呀！

爷爷觉得好生奇怪：这是怎么回事，是元元特别聪明吗？元元的确比较聪明，功课门门优秀，但元元也仅仅是班上学习好的同学之一呀！可以说现在的孩子一个比一个聪明，元元说不上天才。元元学得不差，其他孩子也一样会学得很好。

逻辑是推理的公理学，而公理法又是最主要的数学方法，包括纯理论数学和应用数学。所以在皮亚杰的智慧心理学中通常把"逻辑"和"数学"并提，称作"逻辑—数学思维"。爷爷注意到这一点：元元擅长"逻辑—数学思维"，是班上的数学课代表，上面测验题不过是一道传递性数学或推理题，所以难不住元元。

元元的类逻辑学习告一段落，爷爷就开始了"概念化"的教学。教学方式非常简单：爷爷早晨喊元元起床上学，元元还在睡梦中，总是赖着不肯起床。爷爷就问他几个"概念化"的问题，为了回答爷爷的问题，元元立刻苏醒，并在讨论中坐起来，随即穿好衣服。有时这样的讨论持续到早餐桌上，爷爷不得不连声阻止，要他抓紧时间吃饭，否则要迟到了。

爷爷的"概念化"教学从"符号三角"开始，让元元懂得概念就是通过语词传达对象事物的信息，从而理解概念的抽象本质。随后，讲授概念化的两个逻辑方法：抽象和概括。由于妹妹方方都曾经应用过这两种方法，元元说太"小儿科"了。由于元元掌握了抽象和概括的方法，因而很容易理解概念的两个本质特征——内涵和外延，很轻松地接受了这两个术语。

符号学是逻辑的元科学，皮亚杰很强调符号在概念化过程中的中介作用。事实上对儿童进行符号学教育，不仅有助于理解概念的本质，还具有更广泛的认知意义。

学习上一通百通，在符号学和类逻辑的基础上学习概念化已经水到渠成。爷爷原先反复思考该不该教给元元"内涵""外延"之类的术语，担心他接受不了，现在看来这种顾虑是多余的。

概念化教学中讨论最多的是定义，一些定义往往经过反复讨论才能够确认下来。比如"水果"，元元说，水果是树上结的能吃的东西。爷爷说，水果都是树上结的吗？元元知道不妥，他自己说,草莓就不是树上结的,还有西瓜,等等。爷爷说,"东西"这个类太大,要说出最靠近"水果"的那个类。讨论结果是:水果是能够生吃的植物果实。又如"中国人",元元说是会讲汉语的人。爷爷说,现在会讲一口漂亮普通话的外国人很多,他们都是中国人吗? 元元摇摇头,改说是在中国出生的人。爷爷问都是这样吗? 元元又摇摇头。讨论的结果是:中国人是拥有中国国籍的人。可是第二天,爷爷又说起"海外华人",无论他们自己还是别人都说他们是"中国人",但他们并非都拥有中国籍。爷爷说,这里的"中国人"是指"华夏子孙",是"中国人"的广义用法。早晨,爷爷拍拍元元屁股催他起床,爷爷问,什么是屁股? 元元苏醒了,说,屁股就是拉臭臭那个地方。奶奶知道后认为不正确,"拉臭臭的那个部位是肛门",不是屁股。第二天早晨,爷爷把奶奶的意见告诉元元,元元想了一想,修正为:小孩不乖,经常挨揍的那个地方。爷爷说"这个有点儿靠谱",欣赏地抱了抱元元的头,催他快点穿好衣服。

儿童学习逻辑知识重在应用,"概念化"的最后成果在于学会"下定义",只有掌握了下定义的方法才能算是实现了"概念化",做到概念明确。

由于一对一的教学,爷爷对元元的理解程度心中有数,因而无须另外检测。儿童逻辑思维教育并非毕其功于一役,而是贯穿于日常生活之中,延续到青少年时期。

按照这样的进度，爷爷估计，高小阶段的教学任务都可能提前完成。

• 元元7岁半　小学二年级下学期

爷爷于2013年2月回到杭州。3月，元元爸爸把元元一篇"读后感"通过邮件发给爷爷。全文如下：

《獾的礼物》里讲了一个老獾的故事。老獾在一条长长的隧道里奔跑，觉得自己飞起来了。第二天动物们发现獾死了。大家都很想念他，因为獾帮助过很多人。我觉得，獾就像我爷爷，因为我爷爷帮助过很多人，他还教过我逻辑。如果他死了，我会很想念他，真希望可以给我再变个爷爷。（如果把"可以"换为"有谁"就更好了。——爷爷注）

短文显示元元思路清晰，概念明确，有"就像"字样的合乎逻辑的类比推理。文句简洁流畅，表达到位。"如果"假设体现了对爷爷的爱，根据情感逻辑合理地想象出"有谁能够再变一个爷爷来"。7岁孩子有文若此，不就是我们训练儿童逻辑思维所期望的吗！（2014年5月，元元获北京市东城区小学生作文比赛三等奖。）

• 元元8岁，小学三年级

2013年12月，爷爷来到北京，依然做元元的"室友"，依然应用"一对一闲聊式"教学法讲授逻辑，内容为具体推演的"推理"。爷爷从判断"S—P"公式讲起,说明判断是由概念组成的,说明判断的"是"与"不是"以及"所有""有"和"这个"的区别。然后,爷爷说到由判断组成推理,说明推理就是"所以","所以"就是前提和结论之间的逻辑联系。

由于儿童具体推演中包含许多直觉思维成分,因而逻辑训练不必强调推理形式,而是从"因为"直接推出"所以"。"闲聊"内容更多的是一些智力型故事和计算题,以及谜语、脑筋急转弯之类的智力游戏。这样的"闲聊"生动有趣,既是闲聊也是教学。比如一次在送元元上学的车上,爷爷给元元讲故事,爷爷说:"有一个旅行家来到一个地方,那里有两个村子:一个实话村,村里人都讲实话;另一个村子是谎话村,村里人说的都是谎话。旅行家想弄清楚他来到的村子是实话村还是谎话村,正好过来一个人,旅行家问道:'你是这个村子的人吗?'那人说:'是的。'旅行家'噢'了一声,他已经知道这是哪个村子了。"爷爷问:"这是实话村还是谎话村?"元元略一思考,回答说:"实话村。""为什么?""因为如果是实话村,实话村的人讲实话,他会说是;如果是谎话村的人,他不是这个村的,因为他说谎,所以也会说是。"元元表达得清清楚楚,爷爷高兴地说了声:"孺子可教也。"后来,爷爷又陆续给元元讲了一些日常话语中的推理,比如"话中话""言外意"以及比喻、夸张、双关等修辞式推理,元元都很感兴趣。初小阶段的逻辑思维训练算是告一段落。

接下来,爷爷同元元说到"如果""或者"和三段论等推理形式,说到真值表方法,元元依然一听就懂。爷爷教元元记住"如果"等五个命题联接词的真假值,然后要他计算几个蕴涵式是否正确推理,他都做得准确无误。这实际上已经是高小阶段形式推演的内容了。

"实话村"和"谎话村"的推理逻辑上叫作"二难推理",一般人推起来都往往遇到困难,而元元却如此轻松地推出了结论,并且清晰地说出了推导过程。爷爷因此知道教元元其他推理不会遇到太多的困难,事实果然如此。

元元的奥数考了奥数班第一名,爷爷看了考卷,明白了元元学习逻辑为什么那么轻松。原来比起奥数的许多考题,爷爷给元元讲的逻辑知识相对地容易得多。这件事证实了爷爷以前的一个推断:元元的"逻辑—数学思维"占有优势。心理学和神经生理学都告诉我们,孩子的大脑具有不可思议的潜力和极强的可塑性,这就要看教育者如何开发了。

那么元元的逻辑思维训练实践是不是不具有普适的意义呢?那当然不是,因为元元也只是一个普通的聪明孩子。况且这本书在"前言"中就说到"教育者对儿童学习逻辑的期望值不宜太高",因材施教,肯定都会取得相应的效果。这里需要特别强调的是"一对一闲聊法"十分有用,只要教育者运用得当,好效果是可以预期的。(这样的教学不仅不会增加儿童的功课压力,而且因为这种方法能提高逻辑思维能力,儿童会学得更为轻松。此外,教育者自己拥有的逻辑知识越多,教育效果越好。)

三、方方的记述

方方小元元 4 岁,是知名的"小美女"。由于是家里的"老二",方方具有"老二"的一些明显特征,比如机灵,有主见,喜欢交往,在与年龄相近儿童的嬉戏中容易成为自然领袖。还有,常与哥哥争宠。

方方两岁开始上一所双语幼儿园,一年后转上全英语幼儿园,学校名称为 British School Beijing,即 BSB。

- 方方 1—4 个月

2009 年 6 月,方方满月的时候,爷爷奶奶来到北京。在相聚的两个多月里,方方一天天成长,眉宇间全是感情,特别喜欢跟大人们"聊天",有问必答,好像世间没有她不懂的事情。回杭州后,方方那可爱的小脸蛋儿总是浮现在爷爷的脑际,于是爷爷为方方写了一首散曲《水仙子》,用以抒发对方方的爱心和思念:

呱呱声喜降女娇娃,传佳讯催落老泪花。满月里相聚在京畿下。天然玉无瑕,活脱脱生就一个美人儿。莫道口无牙,却偏爱唠叨家常话,咿咿呀呀。

这里记述方方出生后一至三个月的一些生理和心理状况。方方虽然还只是躺卧着而不能坐起来,但已经能够分辨出大人们的友好态度,并且回报以友好的表情,有时候特别兴奋,还有些调皮的劲儿。

根据心理学的研究,婴儿出生一个月就有明显的情感表现,情感早于思维和语言。应用这一理论,可以解释婴儿期方方的情感以及她爱"唠叨家常话"的现象。

• 方方1岁

2010年夏天,方方已经能够在大人搀扶下走路。爷爷把她放在自己和奶奶的中间,突然放手,她歪歪斜斜地扑向奶奶,就这样迈出了第一步。两三天后,她就背着小手在各个房间溜达了。方方还只会说"爸爸"和"妈妈",前几天学会喊"奶奶",于是成天地喊着,像唱歌一样。

有人问:"方方几岁了?"方方说:"8岁。"方方知道应当回答一个数字,她最熟悉、最喜欢的数字是8。方方"读书",念"小猫钓鱼",把"鱼"读成"如"和"日"之间的近似音。同当年的吟吟姐姐相反,吟吟最先学会"鱼儿",把"叔叔"也喊成"鱼儿"。吟吟很长时间不会喊"奶奶",把"奶奶"说成"逮逮",大人纠正她,她摇摇头,表示不会。而方方最早学会的词就包括"奶奶",说的最不好的就是"鱼"。看来小孩儿学话的规律,我们还真的弄不清楚。

方方学会走路和学会说话差不多是同时的,但学会说话经历了更长的时间。儿童起初咿呀学语只是一种声音模仿,未必懂得它们的意义,比如数字,方方会说"8",但不知道它的含义。由于各个孩子发音器官发育状况不同,他们学会说话的具体进程也各有不同。心理学家认为,幼儿期是儿童学习语音的关键期。这段时间很长,有的字发音不准,在后来的实践中会自然纠正。

> 爷爷把教育妹妹的责任交给元元,元元明白自己的责任,非常关心和照顾妹妹,时时处处不忘记给妹妹做出榜样。妹妹也非常喜欢哥哥。有一次哥哥病了,我们要方方去安慰安慰哥哥,她爬到哥哥床上,小手拍着哥哥的胸口,那亲昵的神态可爱极了。
>
> 方方喜欢跟着哥哥玩,她以前好"搞破坏",现在不了。有一次,元元和爷爷用积木搭一个建筑群,方方来来回回忙着运积木,闲下来就用餐巾纸擦拭桌椅和玩具箱。

心理学家认为,就情感和认识的关系来说,情感提供动力,认识提供方法。皮亚杰说:"甚至在纯数学方面,我们如果不体验到一定的情感,就不能进行推理,反之,如果没有最低限度的理解和识别,就不能有情感的存在。"①方方对哥哥的友好感情是她学习和认知的一种动力,而她的智慧则提供了表示和表达的方法。

- 方方 1 岁半

2011 年 1 月,爷爷来到北京,方方已经会说许多话了,但还

---

① 〔瑞士〕皮亚杰著,洪宝林译:《智慧心理学》,北京:中国社会科学出版社,1992 年,第 4 页。

没有代词"我"的观念，自称"妹妹"，会说"妹妹要""妹妹下""妹妹走"等简单句，表达得都很清楚。方方一天到晚总是快快乐乐，亲昵地喊着"爷爷""奶奶""爸爸""妈妈""小穆阿姨"……是大人们的"开心果"。

方方很聪明，有时候似乎还有点儿小心计。有一次，姨姥姥抱着方方，爷爷路过方方身边，方方喊"爷爷抱！"爷爷高兴地接过方方，姨姥姥说："爷爷别抱，方方不愿意吃药。"爷爷明白了，要把方方还给姨姥姥，方方不愿意，紧紧地伏在爷爷的肩上。爷爷抱着方方到厨房同奶奶她们说这件事，而方方却在捂爷爷的嘴，不让爷爷说她的"坏话"。

方方虽然只会说一些简单句，但她的智力发展和交际能力已经很不简单了。她的"小心计"说明大人们不要低估儿童的聪明智慧，不要低估他们的推理能力。

方方喜欢学哥哥，跟着哥哥玩。比如骑儿童车，踢足球，搭积木，玩电子玩具，玩 iPad，哥哥玩什么她也玩什么。哥哥跟爷爷读书，她也坐在桌子的另一方，指点着书本咿咿呀呀，一本正经地读。哥哥念乘法表，她也拿过去，爬在"拼图"上一遍遍地"念"个没完没了。

不过方方也有自己的爱好。比如玩过家家，在小灶台上拧开电源（会发出红光），放上锅具，放进"食物"蒸煮，开锅放调料,然后用锅铲盛进盘子里,端给大人们"食用"。方方操作很认真,俨然一个干净利落的"小家庭主妇"。

一般有哥哥或姐姐的家庭,弟弟妹妹很容易把哥哥姐姐作为模仿对象,跟着哥哥的妹妹有点儿"野",跟着姐姐的弟弟比较文静。然而弟弟毕竟是男孩,妹妹毕竟是女孩。方方在学哥哥的时候还是"女孩儿"的本色,不仅喜欢玩"过家家",有时候还模仿妈妈和阿姨化妆,有点儿爱"臭美"。把教育妹妹的责任交给哥哥,是个不错的主意:哥哥为了教育妹妹,自己也会处处做出"范儿"。

● 方方 2 岁

夏天,方方两岁了,小嘴巴能说会道,可是有时也会遇到麻烦。早晨起来,她总是亲热地喊着"早晨好",到了晚上,她还是说"早晨好"。大人们告诉她,要分别说"早晨好""上午好""下午好""晚上好",这可把她弄糊涂了。

进入幼儿期以后,儿童的发音器官和大脑皮层进一步成熟,社会交往进一步扩大,使用的词汇量迅速增加,对于词汇意义的理解也逐步加深,但要全部掌握母语,还有一个漫长的过程。

方方的表达清楚、准确,有时候还会传达某种曲折复杂的思想感情。她说妈妈是她的妈妈,哥哥的妈妈是爷爷。哥哥嘲笑她连妈妈是女的都不知道。可是事情好像并不那么简单，爸爸分析说，她给哥哥安排一个妈妈，那真正的妈妈就是她一个人的了。大概是这么回事吧！

随着动作逻辑时期的终结，儿童有了思维和语言能力，推理超越了动作图式，本领大大地提高。不要小看方方的"小心计"，这里已经包含了复杂的推理哩！

方方思想活跃，能说会道，实际上对挂在嘴上的许多名词都是一知半解。比如她最熟悉的"妈妈"这个词，正如元元所说，她连妈妈一定是女的都还没有搞清楚。所以儿童逻辑思维训练从明确概念开始，应当说是一条正确路径。

方方会背诵诗句"春眠不觉晓""鹅，鹅、鹅，曲项向天歌"；背诵《三字经》开始一大段；还跟着录像学会唱中英文的生日快乐歌。方方站在"天阶"一根廊柱旁边，见到阿姨走过，她就唱"祝阿姨生日快乐……"见到爷爷奶奶辈走过，她就唱"祝爷爷奶奶生日快乐……"爷爷奶奶和阿姨们无不夸奖她聪明、懂事。

方方背书、唱歌都是模仿（许多只是声音模仿，并不懂得其中的意义），但在模仿中常常别出心裁，心理学称之为"模仿创新"或"创新型模仿"。方方即兴改动歌词就是一例。至于儿童搭积木、玩棋类等象征性游戏，更属于创新型模仿。方方是一个极善于模仿的小女孩。

方方不识字,但她翻着书本讲故事,手舞足蹈,表情生动十足;翻着琴谱"弹"钢琴,俨然一个熟练的钢琴演奏者。方方拿着玩具手机在"天阶"边走边"打电话",有时说话,有时静听,有时咯咯地笑,活像手机那端有一个小朋友在和她对话。难怪旁边的人惊讶地说:"这么小的孩子也会用手机!"

方方表演"魔术",那神情、那动作、那话语,简直让大人们笑破肚皮。有天晚上,大伯来了,大家围坐在客厅的"拼图"上看大伯表演魔术。大伯手心里攥着一个小玩具,然后用手捋捋袖子,掀开汗衫,表示没有藏着东西。然后,大伯把手放到背后,嘴上念着"变! 变!"拿出一个小玩具来。大家欢笑着。接着是方方表演,她在裤子的后面口袋里装进一个小玩具,也捋捋袖子,掀开汗衫,还捋了捋裤管,嘴上说着"没有吧,没有吧!"然后小手背到背后,说声"有了!"拿出一个小玩具来。她那麻利的动作和故作憨厚的笑容,叫你笑了还想笑,越笑越想笑。

心理学理论认为,儿童7岁之前是模仿,7岁以后介于模仿与表演之间,9岁后在一定程度上属于表演。模仿与表演的区别在于:模仿属于象征性思维,表演固然具有象征性,但更是一种艺术,是意识形态的产物。方方打电话属于模仿,而她的魔术则既是模仿,也是精彩的表演。可是方方才两岁啊!

• 方方 2 岁半

2012 年春节前,爷爷来到元元、方方家,想以元元和方方为对象做些逻辑教学的实验,可是方方喜欢自行其是,不予配合。爷爷拿出预先准备好的一组小竹棒,用来训练方方分类、比较和排序的能力,而方方却拿起四根小竹棒分为两组,说是两双筷子,请爷爷吃她做的美味佳肴,爷爷的实验变成她的"过家家"游戏了。

实际上,方方的分类、比较和排序能力一点儿不差。在爷爷和她玩玩具的时候,要她把一堆玩具按大小或形状分开来,她都分得很好。有一次,她在玩一个电动"套塔"玩具:一根立柱上串着五个大小不等的发光的星星,爷爷要她把五个星星拆下来,两两比较它们的大小,然后按顺序排列一个个装到立柱上,她做得很利索,正确无误。

对于逻辑思维训练,儿童不予配合,一般有两种情况:一是儿童逆反期,二是儿童自身特点使然。从一贯表现来看,方方喜欢特立独行,应该属于后者。对于教育者来说,如果孩子不配合,就必须因势利导,寻找另外的办法,寓教于乐,不要把逻辑思维训练搞得索然无味。如果把逻辑思维训练强加给儿童,那么他们是不会买账的。

• 方方 3 岁半

方方和爷爷说话,说到男孩和女孩,爷爷问,男孩和女孩看上去有什么区别吗？方方说，女孩头发长，男孩头发短。爷爷问，小猫和小狗有什么区别？方方说，小猫有胡子，小狗没胡子。爷爷问，苹果和香蕉有什么区别？方方说，苹果是红色的，香蕉是黄色的。爷爷问，桌子和椅子有什么区别？方方说，桌子有四条腿。爷爷说，椅子也有四条腿呀！方方反复说，桌子和椅子就是不同，但没有说出有什么不同。

过了两天，方方主动跟爷爷说："爷爷，桌子和椅子有区别。"爷爷问有什么区别，方方说："椅子有椅靠，桌子没有。"方方说着，摸了摸椅靠，又跑去摸摸桌子的桌面说："桌子没有椅靠。"爷爷指着桌子上的苹果和香蕉，又问苹果和香蕉有什么区别，方方说，苹果像太阳，香蕉像月亮。

这是爷爷对方方进行的区别性训练。方方在回答关于男孩和女孩、小猫和小狗、苹果和香蕉的区别时都是直觉思维，虽然未必能够说出对象事物的特有属性，但还是把相关事物区分开来了。对于桌子和椅子的区别，方方费了一番周折，终于找到椅子的特有属性——椅靠。方方用"有无"二分法来区别相关事物，符合"并非"的逻辑。她区别苹果和香蕉的第二次回答是个比喻，凸显了方方的形象思维方式。

对方方的区别性训练还在继续。方方在玩小灰兔玩具，爷爷问：兔子跟其他动物有不同的地方吗？方方回答不上来。一会儿，方方把一只小灰熊玩具放在沙发上睡觉，盖上"被子"；随后又让那只小灰兔睡在灰熊旁边。爷爷问,现在你说说看,小兔有什么特点? 方方说:"小兔大耳朵,小熊小耳朵。"

自此以后,方方随时都会跟爷爷讨论什么和什么的区别。

爷爷想考察方方认知单独事物属性的能力,但是未能成功,方方还是通过比较来认知小兔的大耳朵属性的。比较法是儿童认知一种常用的逻辑方法。

爷爷想利用方方对事物属性的初步认知进行另一方面的逻辑思维训练。爷爷问方方:厅里有几把椅子? 几张桌子? 方方开始对厅里各种不同样式的椅子点数:1,2,3……点到三人沙发时接着数"7、8、9",爷爷问:"沙发也是椅子吗?"方方点头,接着数双人沙发"10、11"……一共 14 把椅子;再数桌子,一共 4 张桌子。爷爷问:沙发就叫"沙发",为什么是椅子? 方方拉过旁边一张小椅子,摸摸椅靠,摸摸椅面,然后坐在椅面上,表示它有椅靠、椅面,椅面可以坐人,所以沙发是椅子。爷爷又指着旁边很像椅子的小梳妆台问方方,它为什么不是椅子? 方方指着那类似椅靠的部分说它是玻璃镜不是椅靠;表面是放化妆品的,不能坐人。爷爷又指着也像椅子的小厨灶问:它又为什么不是椅子? 方方说,这上面放碗放盘子,下面是锅灶,做饭用的,所以不是椅子。

爷爷的目的是在方方具有初步抽象能力基础上开始训练方方的

概括能力。实践表明,方方已经能够在抽象出椅子"有椅靠,椅面,用来坐人"的特有属性之后,又进一步把所有"有椅面、椅靠,用来坐人"的东西归于"椅子"一类,把"没有椅靠,但有桌面,桌面用来放置物品"的东西归于"桌子"一类。也就是说,只有3岁的方方,在从整体事物中抽象出事物的特有属性的同时,又会把具有相同属性的事物概括为一类。这初步的抽象和概括能力对于儿童概念化的发展具有非常重要的意义。

方方错把三人沙发说成"三把"椅子,问题不在于她的抽象或概括能力,而是因为她还不懂得把椅子分为"单体椅子"和"连体椅子"、"普通椅子"和"沙发"等分类方法。

方方平时在家里,家里人都很忙,她就长时间一个人玩,自言自语,自得其乐。圣诞节的时候,爷爷奶奶送方方一套《小孩学画》的教材,想教她按教材学画,可是方方不予配合,爷爷摆出"老师"的架势,方方说:"我跟妈妈说了,我是爷爷的老师,爷爷是我的学生。"说得爷爷哭笑不得。方方长时间自娱自乐,增强了特立独行的个性。她有自己独特的画画方法。她在磁性写字板上印个有五个花瓣的造型,然后画一根茎、两片叶子,就是一朵小花;在一个圆下画一根细线,就是气球;把五个圆串在一起,添一根直线作竹签,成了冰糖葫芦。这些画倒也像模像样,而且生动有趣。

在方方一个人玩的时候,爷爷总是来到方方身边,陪她一起玩。方方很开心,渐渐认可爷爷是她的老师,愿意跟着爷爷学画画、学唱儿歌……在爷爷的指导下,方方创造的造型加笔画的画画方法有了发展,比如画小老鼠、小鸡、小鸭,都具有特别的风趣。

儿童有着与生俱来的自我中心倾向。皮亚杰说:"在从语言的出现直到大约7—8岁时那些前运演阶段,与思维的萌芽相联系的种种结构,阻碍着种种合作性社交功能的形成,而这些合作性社交功能正是逻辑的形成所必不可少的。"①因为儿童的智慧必须经受社会化,才能消除自我中心倾向,改进智慧的机制。爷爷在同方方一同玩耍的过程中增进了对方方的了解,改进了教学方法;方方也感受到"一同玩"的乐趣和学习的愉快,并在玩的过程中增长了逻辑思维的能力。教,是一种逻辑;学,也是一种逻辑。特立独行的儿童往往很有创造性。

方方在厅里的拼图上跳跃。拼图由16块,分别为四种颜色的60厘米见方的塑料板块"拼"成。爷爷说,红色是火,蓝色是水,黄色是沙,绿色是绿地,你能避过水和火到达安全的地方吗?方方绕行到绿色板块。随后,方方拿出一些玩具,爷爷问,海豚放哪里?方方说,蓝色,因为海豚生活在大海里。方方问,骆驼放哪里?爷爷说,骆驼生活在沙漠里。于是方方把骆驼放在黄色板块上。方方又把小兔、小鸟、蝴蝶,还有小树、小花放到绿地

① [瑞士]皮亚杰著,洪宝林译:《智慧心理学》,北京:中国社会科学出版社,1992年,第166—167页。

上，只有红色板块空着。方方在给奶奶做生日蛋糕，她把蛋糕放到红色上，说是蛋糕要烤熟了才能吃。

这是一次随机性的游戏，寓分类和推理于游戏之中。

方方对跳拼图很有兴趣，早晨起来就跳。她在绿地和沙地埋炸弹，设灰太狼陷阱，增加了跳跃的难度。奶奶折了一只纸船，方方踏着小船渡水，后来简化为两手做游泳状走过水域。方方一天要跳许多次拼图，还同哥哥、爷爷、奶奶一起跳。哥哥参加进来以后，又有不少创造。

有一次跳拼图，哥哥站在红色板块上作狰狞状，说："我是火魔王，烧死你！"方方立即站上蓝色板块，也作狰狞状说："我是水魔王，专治火魔王！"这次哥哥输了，逃跑了。

方方在爷爷的配合下，无意间创造了"跳拼图"游戏，很好地体现了方方的想象力和创造力。"跳拼图"也是一项体育运动，一段时间后方方的跳跃能力明显增强，已经能够轻松地越过红色或蓝色板块。

2013年清明节，方方跟随爸爸来杭州看望爷爷奶奶。爷爷教她"逻辑狗"游戏，先学3—4岁阶段。方方做了10题，轻轻松松，答案全对，最短的时间只需30秒。于是升级为4—5岁阶段，方方又做了11题。由于难度增加，个别题目需要费些思索，比如"轻"和"重"的对比概念不清晰,有的图画的意思把握不住,但她做题选择"先易后难",应用"剩余法"总是能够完成答题任务,答案仍然全对。每当核对答案全对时,爷爷就为她鼓掌,她也高兴地拍起小手。方方做题的兴致很高,不断地要求做下去。

《逻辑狗》是西方儿童的经典游戏之一,可以训练儿童的逻辑思维,也可以检测儿童智力发展水平。不过《逻辑狗》习题量很大,儿童系统地做下去固然很好,但儿童训练逻辑思维方式多样,于是爷爷有选择地让方方做其中与逻辑知识直接相关的练习,比如"观察与联想""逻辑游戏",放弃那些纯知识性的练习,比如"春夏秋冬""交通常识"。

- 方方4岁半

国庆节期间,方方又来到杭州,爷爷教她做《逻辑狗》5~6岁阶段练习题(方方3岁零4个月)。爷爷先教她做两题,然后把教学任务交给哥哥元元(小学二年级下学期)。哥哥的思路和表达更适合妹妹,因此教学速度快而且效果好,方方一口气就做了6题。第二次又一口气做了8题,很快就完成了一本书16题的训练任务,方方的答案依然全对。元元的教学如此高效率,又是爷爷没有想到的。

方方做《逻辑狗》习题进展甚快,远远超越了规定的年龄阶段,说明方方颇具学习的潜力。元元教学效果好,说明儿童之间拥有更多的共同语言和更好的沟通能力。哥哥教妹妹,这个方法不错。

  11月,爷爷来到北京,教方方做《逻辑狗》两册6—7岁阶段练习题。先做"字词游戏",开始很顺利,方方甚至不需要爷爷解说,自己看图就能给出正确答案。可是很快就遇到问题:答案都是汉字,诸如"鹿""熊""嘴巴""安娜"等等,而方方还没有学习汉字,以致无法进行下去。爷爷制作一些识字卡片,开始教方方认字。另一册"数的游戏",内容是加减法,方方顺利做完。至此,方方的《逻辑狗》练习告一段落。

  方方做《逻辑狗》练习,断断续续历时一年半有余,总时数并不多,却从3—4岁做到6—7岁,跨越四个年龄段,远远超出方方的实际年龄,显示了方方的学习潜力。

  方方对做《逻辑狗》习题一直兴致很高。2014年春天,爷爷回到杭州,方方还在微信里说,要爷爷教她做"逻辑狗"习题。端午节期间,方方一家人来到杭州。一进门,方方就嚷着跟爷爷做《逻辑狗》。爷爷拿来两本练习册,方方自己做了起来,做完后自己对答案。她有空就做,把做习题当成自娱自乐的游戏,两天时间就把两册做得差不多了。为此,爷爷感慨良多。

  之前爷爷在北京时,觉得方方喜欢过家家,不喜欢搭积木,以为这是女孩子的特点,而现在则觉得自己判断错误。方方跟哥哥一样喜欢搭积木,而且喜欢编故事。比如搭一个高大的城堡,里面有藏宝箱,堡主魔兽率领部下保卫着宝藏。另有一批精灵则千方百计要得到宝藏,于是发生一次次战斗。方方的故事随想随编,随时改变着积木的组合。

根据爷爷的观察,元元搭积木着重于技巧性,而方方搭积木则具有随机的故事性和动态性。

11月,方方参加第五届新星新秀全国青少年艺术大赛北京选区选拔赛,唱了一首《小乌龟爬楼梯》,获得二等奖。12月在全国总决赛中又获得银奖,领到了一本更大的获奖证书和一枚银牌。

人们以往以为只是大脑右半球分管音乐,而新的脑成像技术显示,音乐是分散在两个半球的特定区域的。脑科学家们相信音乐和数学、科学一样,用到了许多相同的脑高级功能。有的科学家还说,听莫扎特的《双钢琴 D 大调奏鸣曲》的大学生在推理上做得更好。从方方区别性逻辑思维训练中的精彩表现到这次获得唱歌比赛大奖,说明了逻辑思维和形象思维并非两种相悖的对应物,它们在方方的大脑中都得到很好的发展,平衡而且协调。

附录五　章鱼图的绘制方法

思维导图①是英国人东尼·博赞根据脑科学、心理学、语义学、认知语言学等相关领域的研究成果,于 20 世纪 60 年代发明的一种知识可视化工具。思维导图由线条、词语、图标等要素构成,整体呈现放射性结构,可用于知识的整理、加工、创造和传播。由于思维导图在整体上非常像一只章鱼,所以小朋友们也常常称其为"章鱼图"。在针对小朋友的教学活动中使用"章鱼图"这个名称有很多好处。首先,一说到"章鱼图",就可以让小朋友们知道整体的结构;其次,章鱼有圆圆的脑袋和八只脚,表示我们使用章鱼图时,需要积极动脑和动手;最后,章鱼脚上有很多吸盘,我们要记住什么东西,画到章鱼脚上,章鱼就可以帮助我们记住了。

画一张好的章鱼图(思维导图)要注意点什么呢? 留意下面这四点,就可以让章鱼图更完美哦!

---

① 〔英〕东尼·博赞、巴利·博赞,卜煜婷译:《思维导图》,北京:化学工业出版社,2015 年。

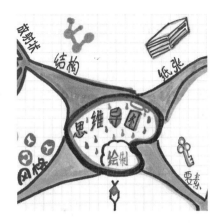

图 1　章鱼图绘制的四个要点

1. 纸张

纸张一般建议用 A4 或 A3 大小的纸,水平摆放,无折痕。画章鱼图的时候,从正中间开始。

图 2　章鱼图绘制时的纸张摆放

有些人会问:为什么纸张要水平摆放?竖着行不行?水平摆放的主要原因跟我们的眼睛有关。我们的双眼是横着长的,我们的视野很宽。这个道理,大家可以看看我们液晶屏的发展。最早的时候是正方形的标准屏,后来慢慢变成了宽屏,而不是竖屏。

2. 要素

章鱼图的基本要素包括图标(图片)、词语、线条和色彩。

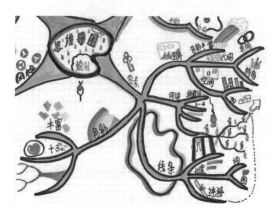

图3 章鱼图绘制的基本要素

① 关于图标

我们要尽量多使用图标(图片),学会将抽象的文本图像化(后续我们会专门介绍怎样把文本转成图像),而且图标的色彩要尽量丰富。不懂如何配色没有关系,只要让小朋友在画的时候尽量多换几次笔就行了。

② 关于词语

很重要的一点是要尽量寻找和提炼关键词。好的关键词就像一个钩子,可以帮我们钓起内容这条大鱼。为了方便识别和阅读,词语

图4　章鱼图绘制的图标使用

一般用黑色笔进行工整书写。一个分支上只写一个词语，就像一根树枝站一只鸟。

图5　章鱼图绘制的词语使用

③ 关于线条

线条把图标和词语连接成一个网状的结构。离核心图越近，线

351

条越粗；离核心图越远，线条越细。通过粗细和位置关系，我们的大脑可以很聪明地感知不同概念的重要性程度。线条要平滑。有些有关联的概念可以用虚线连接起来。

图6　章鱼图绘制的线条使用

④ 关于色彩

除了记住色彩要丰富之外，还需要注意两点：一个分支上的颜色要统一；核心图尽量要用三种以上颜色。注意第一点的原因是在

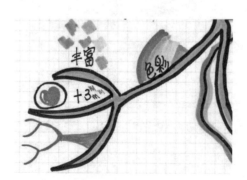

图7　章鱼图绘制的色彩使用

读图时可以引导我们的眼睛移动,让我们专注于某些区域,回忆时可以帮助我们回想相关的知识要点处于哪个区域。

3. 风格

接下来,我们来看一看风格。大脑是一个喜新厌旧的家伙。它会对新颖的、夸张的、搞笑的东西印象十分深刻,而对于平常的东西会熟视无睹。所以,我们需要尽量发挥我们的想象力,把记忆的对象变得更奇特,更好玩。图的美观与个性,可以在不断的使用中慢慢提高,无须一步到位。

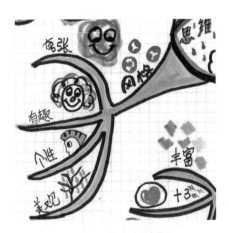

图8 章鱼图绘制的风格

4. 结构

章鱼图整体上呈放射状。它要求我们有条理,有逻辑地呈现内容。最基本的逻辑关系是分类和分解。分类,就是根据属性将同类的放在一起,而分解就是将整体拆分为部分。我们会在后续的文章中专门介绍一些有用的认知框架来帮助我们更好地梳理内容。

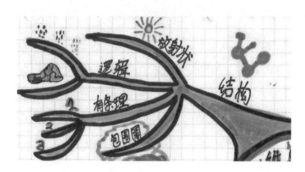

图 9　章鱼图绘制的结构

最后,就再看一下全图吧!

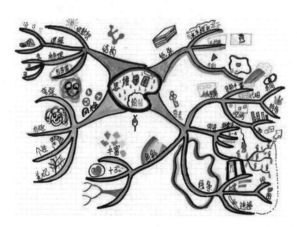

图 10　章鱼图全图

5. 小学生章鱼图样例

图 11　二年级课文《黄山奇石》章鱼图

图 12　《池上》章鱼图①

---

① 徐慈华编,徐妙言绘:《章鱼图绘古诗》,杭州:浙江教育出版社,2020 年 4 月。

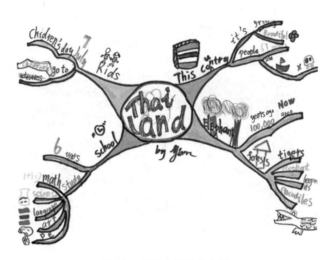

图 13　介绍泰国的章鱼图

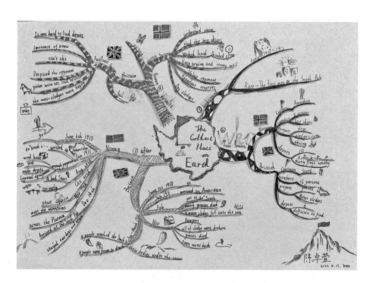

图 14　地球上最冷的地方的英文章鱼图

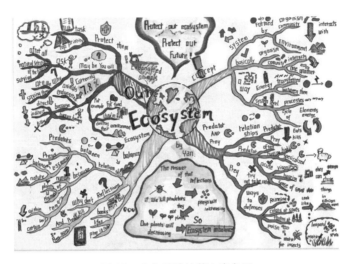

图 15　生态系统的英文章鱼图

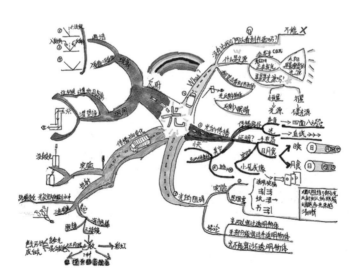

图 16　介绍光的章鱼图

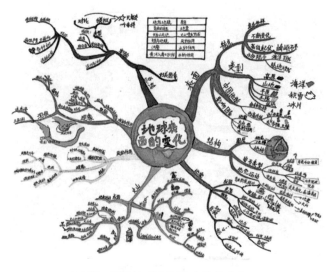

图 17 描述地球表面的变化的章鱼图

附录六　一项儿童游戏的设计

- **游戏名称**：谁偷了我的古玩？

- **核心设计理念**

20 世纪认知科学的一个重大发现就是：我们的大脑是可塑的。因此,我们可以通过系统训练让孩子更加聪明。本设计以提升儿童逻辑思维能力为核心,围绕判断力以及推理等关键认知能力,通过特定主题下的活动设计,用以提高儿童思维的逻辑性、独创性、批判性和灵活性等思维品质。

- **背景故事**

2031 年 11 月 6 日晚 11 点,童趣城警察局值班室接到一个报警电话:

"是警察局吗？我家的古玩被盗了!"

"是警局,你在哪里？我们马上派人过去。"

…………

公安局局长(家长扮演)严肃认真地说:

"×警官! 我现在任命你为 31116 专案组执行警长!"(儿童扮×警官)家长取出 1 号道具——"警徽",佩戴在小"警官"的左臂上。

这个任命仪式有助于启动一个游戏空间,创造仿真的游戏情境。它可以让孩子很快进入角色模拟世界,增强思维训练的趣味性和儿童的想象力。

"保证完成任务!"小"警长"立正敬礼,转身外出。

一个破案的故事展开了。

- **破案进程**

11:35

小"警长"来到现场,发现房子里一片漆黑。这是什么原因呢?小"警长"推断:电灯坏了。

这是一个溯因推理。溯因推理是人们常用的一种逻辑推理方式,体现了极强的创造性思维能力。推理形式如下:

$$C$$
$$H \rightarrow C$$
$$\overline{}$$
$$\therefore H$$

C 代表眼前的情况:室内一片漆黑。→表示与某种原因相关联,这个原因应当是电灯坏了,即 H。也就是说,室内一片漆黑的原因,小"警长"推断为:电灯坏了。

是不是电灯真的坏了呢? 这还需要用事实来检验。小"警长"打开手电筒找到电灯开关,揿了一下,电灯不亮。这就证明了小

"警长"的推断是正确的。这在逻辑上就叫作"证明"（或曰"论证"）。公式为：

B，因为 A

意思是说，电灯坏了，因为打开开关，电灯仍然不亮。

11：40

原因找到了，就是电灯坏了。但是电灯坏了也有几种情况，比如灯丝断了，灯泡开关失灵，线路被破坏了。小"警长"查看灯泡，灯丝没断；查看灯泡开关，开关没坏。于是小"警长"推断：电灯线路被破坏了。房子主人（即报案人，家长扮演）拿出家里的"电路图"——2号道具，递给"警长"。

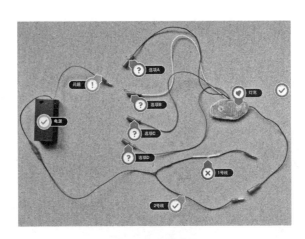

图1 电路图道具

小"警长"按照电路图接通电路,电灯亮了。

小"警长"接通电路的关键一步是他经过仔细观察后发现电路图上1号电线和2号(位于电路图下方)不一样:2号电线上有红色标记,而且是断的。在发现这一问题之后,小"警长"把没有断的1号电线成功地接到通向灯泡的电线上。

小"警长"从发现电灯坏了到接通电路,这个推理过程应用的是排除法。推理形式如下:

$$p \lor q \lor r$$
$$\neg p$$
$$\neg q$$
$$\overline{}$$
$$\therefore r$$

这是个"或者"推理的否定肯定式,大前提是灯丝断了(p)或者电灯开关失灵(q)或者电路被破坏了(r),小前提否定了灯丝断了(﹁p)和灯泡开关失灵(﹁q),推出的结论是电路被破坏了(r)。小"警长"接通电路时选择1号线应用的也是这个方法,即排除2号线,接上1号线。让儿童检查电灯坏了的原因和接通电路是为了提升儿童的空间感、判断力以及动手能力。

排除法也叫试错法,意思是通过试错来排除错误的判断。比如说,儿童接通电路后,家长又把线路弄乱,然后提出问题:"现在不看图,你能不能重新把线路正确地连接起来?"这时候,孩子一般根据自己的记忆来重新接通电路,如果一次不能成功,就用试错法一次次地排除,最终找到正确的连接方法。

凌晨1:52

电灯亮了,小"警长"问房子的主人:"你家什么东西被偷了?"主人说:"我也不大清楚,但我肯定是少东西了。这是我以前拍的一张照片,可惜前几天被我儿子撕成了碎片。不知道对你们有没有帮助。"

小"警长"能够从照片的碎片中知道什么东西被偷了吗?

家长取出3号道具,这是文物架的"拼图",先让孩子把拼图打乱,再按照玩"拼图"的方法拼合起来,然后对照文物架的物件,找出什么文物被偷了。这样的"对照"就是儿童常玩的"找不同"游戏。

图2 旧照片(拼图)

图3 新照片

　　复原撕碎的照片,有助于儿童了解整体与局部之间的逻辑关系。把整体拆分为部分叫作"分解";把部分按照一定的规则还原为整体称为"综合"。在综合操作中,儿童会根据某块拼图上的部分信息,寻找其他合适的拼图块与之拼合。这是一个不断试错和排错的过程,家长可以参与讨论。当儿童做出错误选择时,家长可以问一些诸如此类的问题:"这块是放在这里吗? 如果是这块,那么颜色(或图形)怎么会对不上?""你再看看,还有什么选择?""这里比较难,可以先放一放,拼拼其他部分。"通过这些讨论,可以提高儿童的批判性思维的能力。拼图完成后,取出现场的照片,让儿童比较两张照片,让他找出哪些地方一样,哪些不一样。这种"找不同"的方法有助于训练儿童的注意力、观察力和推理能力。

凌晨 2:00

　　在现场勘察中,小"警长"提取了很多鞋印。这里面肯定有小偷的鞋印,但也有被盗古玩收藏家家里人或其他人的鞋印。小"警长"心里不断地在想:"到底哪些是小偷的鞋印呢?""有了!"他想到一个好办法:只要知道哪些是家里人的鞋印,就可以用排除法确定哪几个可能是小偷的鞋印了。

　　小"警长"根据收藏家提供的家里人鞋印——4 号道具,比较自己收集的鞋印——4 号道具,很快把所有鞋印分为两类:家里人鞋印和非家里人鞋印。

　　从逻辑上说,这里有两个理论问题:第一是分类,即把所有鞋印

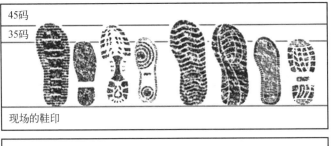

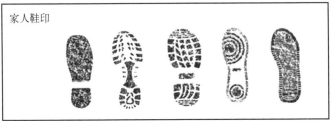

图4　现场的鞋印和家人的脚印图

分出家里人鞋印和非家里人鞋印，这叫"二分法"。二是设定这些鞋印是一个全类，"非家人鞋印"是"家人鞋印"的补。图如下：

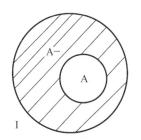

图5　二分法分析鞋印示意图

I 为全类，A 为家人的鞋印，A-（A补）为非家人的鞋印。

根据 4 号道具,小"警长"发现"非家人的鞋印"A-在大小上有一个共同的特点:都大于 45 码。

这是一个归纳推理:

$$A_1 \text{ 是 } B$$

$$A_2 \text{ 是 } B$$

$$\cdots$$

$$A_n \text{ 是 } B$$

$$A_{1-n} \text{ 都是 } A$$

$$\therefore \text{ 所有 A 是 B}$$

通过归纳推理,小"警长"得到一个结论:所有补集中的鞋印都大于 45 码。然后,他运用一个有效的三段论推理进一步推出:

大前提:所有补集中的鞋印都大于 45 码。

小前提:小偷的鞋印是补集中的鞋印。

结论:小偷的鞋印一定大于 45 码。

推理形式为:

$$MAP$$

$$SAM$$

$$\therefore \ SAP$$

这是三段论第一格 AAA 式，是个正确的推理。这样，小"警长"就正确地推出了小偷穿的鞋的尺码范围。

凌晨 1:52

小"警长"的手机响了，他收到一条短信。这是小"警长"的部下 MM 警官发给他的信息："警长，从附近社区监控摄像头中，我们发现有四个人很可疑，或许犯罪嫌疑人就在其中。我现在把他们的照片传给你。""很好！你帮我再查查他们的鞋码。"小"警长"回了一条信息。很快，小"警长"就收到了自己想要的资料信息。

家长取出 5 号道具——犯罪嫌疑人的头像照片：

图 6　犯罪嫌疑人的头像照片道具图

MM 警官发来的信息说：四个疑犯的鞋印都大于 45 码，于是小"警长"进一步推定犯罪嫌疑人就在这四个人中间。

小"警长"是这样推理的：如果鞋印大于 45 码，那么他就可能是

小偷。这四个人的鞋印都大于45码,所以他们每个人都有可能是小偷,或者说小偷就在他们中间。用逻辑公式表示为:

$$p \rightarrow q$$
$$p$$
$$\overline{}$$
$$\therefore q$$

这是肯定前件式"如果"推理,肯定前件就可以肯定后件。虽然还只是"可能",但可信度大大地增加了。"犯罪嫌疑人就在他们中间!"小"警长"兴奋地喊道。

凌晨 2:00

"到底他们中哪个才是真正的凶手呢?我得再找找线索。"小"警长"一边思考,一边拿着放大镜在地上寻找。小"警长"突然眼睛一亮,他找到了两根黄头发。家长取出6号道具——两根黄头发。

小"警长"高兴地跳了起来。他说,刚才MM警官传来的四个人的头像照片,第一个不就是黄头发吗?报案人说,他家里没有人是黄头发,最近也没有黄头发的人进入过这个房间。根据这一情况,小"警长"推定这个"黄头发"就是小偷。至于其他人呢?可能是同案犯,也可能不是。先抓到"黄头发",案件就能够调查清楚了。

为了确保推理的正确性,小"警长"完成了一次复杂的混合推理,

图7　犯罪嫌疑人的头发道具图

既用上"如果"推理,又用上"或者"以及其他形式的推理,既有假设
又有证伪。总的来说,这是一个论证的过程。如图 8:

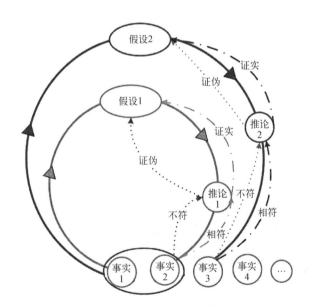

图8　小"警长"论证过程图

凌晨 2 : 23

警察局长来到现场,他对小"警长"说:"恭喜你,警长! 你找出小偷了。可以发通缉令,全城搜捕。"家长取出 7 号道具——通缉令。

通 缉 令

兹有犯罪嫌疑人一名,高个黄头发。11 月 6 日在童趣城 N 街道作案在逃。有提供重要线索者奖赏一万元。

童趣城警察局

次日 11 : 50

小偷被抓到了。

- **表彰大会**

下午 2 点,童趣城市长召开表彰大会,宣布 31116 案件告破,表彰了专案组所有成员。小"警长"在大会上报告破案经过,家长出示 8 号道具——破案经过流程图。

8 号道具通过流程图的方式,用"时间—空间"分布图形象地表征事件的经过,有助于清晰地展示故事情节。这里采用了流程图,用以提升儿童回顾、表达以及制图等技能。小"警长"报告破案经过,在于训练儿童的语言表达能力。

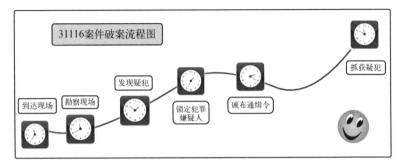

图9　破案经过流程图

附录七　参考书目

［美］埃德·拉宾诺威克兹著,杭生译:《皮亚杰学说入门——思维、学习、教学》,北京:人民教育出版社,1985年。

［美］艾莉森·高普尼克、安德鲁·梅尔佐夫、帕特里夏·库尔著,林文韵、杨田田译:《孩子如何学习》,杭州:浙江人民出版社,2019年。

［美］艾莉森·高普尼克著,刘家杰、赵昱鲲译:《园丁与木匠》,杭州:浙江人民出版社,2019年。

［美］艾莉森·高普尼克著,杨彦捷译:《孩子如何思考》,杭州:浙江人民出版社,2019年。

［瑞士］鲍亨斯基著,童世骏等译:《当代思维方法》,上海:上海人民出版社,1987年。

［美］丹尼尔·卡尼曼著,杨春晓译:《情商——为什么情商比智商更重要》,北京:中信出版社,2010年。

［美］丹尼尔·卡尼曼著,胡晓姣等译:《思考,快与慢》,北京:中信出版社,2012年。

［美］大卫·海勒著,周丽萍主译:《思维地图:化信息为知识的

可视化工具》,北京:化学工业出版社,2020年。

〔苏〕根里齐·阿奇舒勒编著,〔美〕舒利亚克英译,范怡红、黄玉霖汉译:《哇……发明家诞生了——TRIZ创造性解决问题的理论和方法》,成都:西南交通大学出版社,2004年。

〔美〕霍华德·加德纳著,沈致隆译:《智能的结构》(经典版),杭州:浙江人民出版社,2013年。

〔日〕九野泰可著,高翼、陈毅立译:《3岁开始的思维力培养》,桂林:广西师范大学出版社,2020年。

〔日〕九野泰可著,杨本明、庄莉译:《聪明育儿的75种方法》,桂林:广西师范大学出版社,2021年。

〔英〕卡尔·波普尔著,舒炜光等译:《客观知识——一个进化论的研究》,上海:上海译文出版社,2005年。

〔美〕凯文·韦巴赫、丹·亨特著,周逵、王晓丹译:《游戏化思维——改变未来商业的力量》,杭州:浙江人民出版社,2014年。

〔韩〕梁承玩著,金龙哲译:《逻辑小子微服私访记》,长沙:湖南少年儿童出版社,2010年。

〔美〕莱考夫、约翰逊著,何文忠译:《我们赖以生存的隐喻》,杭州:浙江大学出版社,2015年。

〔英〕罗伯特·费希尔著,冷璐译:《教儿童学会思考》,北京:中国轻工业出版社,2020年。

〔美〕梅森·皮里著,蔡依莹译:《笨蛋!重要的是逻辑》,北京:北京联合出版社,2013年。

［意］蒙台梭利著，龙玫译：《蒙台梭利早期教育法》，杭州：浙江工商大学出版社，2018年。

［瑞士］皮亚杰著，王宪钿等译：《发生认识论原理》，北京：商务印书馆，1986年。

［瑞士］皮亚杰、英海尔德著，吴福元译：《儿童心理学》，北京：商务印书馆，1987年。

［瑞士］皮亚杰著，高如峰、陈丽霞译：《儿童智力的起源》，北京：教育科学出版社，1990年。

［瑞士］皮亚杰著，洪宝林译：《智慧心理学》，北京：中国社会科学出版社，1992年。

［瑞士］皮亚杰著，卢濬选译：《皮亚杰教育论著选》，北京：人民教育出版社，2015年。

［瑞士］皮亚杰著，杜一雄、钱心婷译：《教育科学与儿童心理学》，北京：教育科学出版社，2018年。

［美］P.沃尔夫著，北京师范大学脑科学与教育应用研究中心译：《脑的功能——将研究结果应用于课堂实践》，北京：中国轻工业出版社，2005年。

［英］乔恩·伍德科克等著，余宙华译：《编程真好玩》，海口：南海出版公司，2020年。

［美］R.基恩·索耶著，徐晓东等译：《剑桥学习科学手册》，北京：教育科学出版社，2010年。

［日］日本幼儿教育实践研究所著，魏海波、高翼、杨本明等译：

《儿童思维训练 365 天（初级篇）》，桂林：广西师范大学出版社，2019 年。

［日］日本幼儿教育实践研究所著，魏海波、高翼、杨本明等译：《儿童思维训练 365 天（中级篇）》，桂林：广西师范大学出版社，2019 年。

［日］日本幼儿教育实践研究所著，魏海波、高翼、杨本明等译：《儿童思维训练 365 天（高级篇）》，桂林：广西师范大学出版社，2019 年。

［美］约翰·杜威著，伍中友译：《我们如何思维》，北京：新华出版社，2010 年。

［美］约翰·梅迪纳著，杨光、冯立岩译：《让大脑自由》（经典版），杭州：浙江人民出版社，2015 年。

［以］尤瓦尔·赫拉利著，林俊宏译：《未来简史》，北京：中信出版社，2017 年。

陈波著：《逻辑学是什么》，北京：北京大学出版社，2015 年。

陈宗明、贝新祯：《童趣逻辑》，上海：上海人民出版社，1999 年。

董文明：《3—6 岁儿童的隐喻认知及其教育应用研究》，浙江大学博士论文，2014 年。

德博诺：《创新思维训练游戏》，北京：中信出版社，2009 年。

谷传华：《儿童心理学》，北京：中国轻工业出版社，2001 年。

黄华新、徐慈华、张则幸：《逻辑学导论》（第三版），杭州：浙江大学出版社，2021 年。

黄华新、陈宗明主编：《符号学导论》，上海：东方出版中心，2016 年。

金环编：《蓓蕾"玩科学"课程》，杭州：浙江教育出版社，2021 年。

林崇德：《发展心理学》，北京：人民教育出版社，2018 年。

林崇德：《我的智力观》，北京：北京师范大学出版社，2021 年。

刘炯朗：《拜托，你该懂点逻辑学：学校没教的逻辑课》，北京：北京联合出版公司，2013 年。

《普通逻辑》编写组编：《普通逻辑》，上海：上海人民出版社，1994 年。

唐毅、张虹主编：《小木玩　大世界："云和木玩游戏"课程改革实践探索》，杭州：浙江教育出版社，2022 年。

王婧主编：《小学批判性思维课程》，武汉：华中科技大学出版社，2017 年。

汪馥郁主编：《迈向智慧之路：幼儿逻辑思维能力培养》，北京：北京理工大学出版社，2015 年。

吴格明：《逻辑思维与语文教育》，南京：南京师范大学出版社，2022 年。

徐慈华、唐毅：《概念整合视角下儿童创造力的培养》，《上海托幼》，2020 年第 11 期。

徐慈华、李恒威：《溯因推理与科学隐喻》，《哲学研究》，2009 年第 7 期。

徐慈华：《认知科学科学背景下提升思维素养》，《中国社会科学报》,2010 年 10 月 12 日。

殷海光:《逻辑新引·怎样判别是非》,成都:四川人民出版社,2018 年。

朱智贤、林崇德:《思维发展心理学》,北京:北京师范大学出版社,1986 年。

中华人民共和国教育部:《3—6 岁儿童学习与发展指南》,北京:首都师范大学出版社出版,2012 年。

张立英著,机机先生绘:《给青少年的漫画逻辑学》(全十册),桂林:广西师范大学出版社,2021 年。

后 记

2017 年,我和陈宗明教授共同完成了浙江省社会科学界联合会社科普及课题"认知科学背景下的思维教育"。本书是上述课题的主要成果之一,本书的编写得到了浙江大学黄华新教授、浙江师范大学董文明副教授、杭州蓓蕾学前教育集团总园长金环女士、云和县教育局唐毅副局长的大力支持。浙江大学严小姗和邵晓涵同学全程参与了本书的编校,完成了大量细致的工作。叶颖秀、洪峥怡、汪曼、庞晓琳、黄略、张侨洋、汪佳梅等同学在阅读本书初稿后提出了很多宝贵的修改建议。百物格教育的陈玲、周娴、徐浩楠等同志,为本书的编写提供了大量的素材和案例。在此一并表示感谢!

书中难免存在缺点和错误,敬请读者批评指正。

编 者

2022 年 9 月